安装工程预算电算化

主　编　姜泓列　刘启利
参　编　高　寰　李桐颉　李艳丽

北京理工大学出版社
BEIJING INSTITUTE OF TECHNOLOGY PRESS

内 容 提 要

本书是以广联达BIM安装计量GQI2021软件为基础的安装工程项目BIM数字化应用实操教程，以《通用安装工程工程量计算规范》（GB 50856–2013）、《辽宁省通用安装工程计价依据（2017版）》为依据进行编写。本书分为三个模块，模块1为广联达BIM安装计量GQI2021软件快速入门指南，对GQI2021软件基础知识、工作原理、操作流程、主界面等进行介绍；模块2和模块3为室内建筑电气与室内建筑生活给水排水工程数字化建模计量，主要按照目前安装工程预算电算化业务任务展开，围绕某办公楼案例工程，对电气、给水排水工程基于预算电算化操作讲解，采用任务驱动模式展开案例操作学习，通过讲练结合模式，使读者掌握安装工程预算电算化软件应用专项操作技能。

本书主要针对建筑类相关专业安装工程预算电算化、数字化等专业课程编排，可作为工程管理造价、建设工程管理、建筑电气工程技术、给水排水工程技术等专业的教材，也可作为工程造价咨询企业、施工企业工程造价人员的学习参考资料。

图书在版编目（CIP）数据

安装工程预算电算化/姜泓列，刘启利主编.--北京：北京理工大学出版社，2023.1

ISBN 978-7-5763-1877-7

Ⅰ.①安… Ⅱ.①姜… ②刘… Ⅲ.①建筑工程—建筑预算定额—会计电算化 Ⅳ.①TU723.3

中国版本图书馆CIP数据核字（2022）第230040号

出版发行 / 北京理工大学出版社有限责任公司

社　　址 / 北京市海淀区中关村南大街5号

邮　　编 / 100081

电　　话 / （010）68914775（总编室）

　　　　　（010）82562903（教材售后服务热线）

　　　　　（010）68944723（其他图书服务热线）

网　　址 / http://www.bitpress.com.cn

经　　销 / 全国各地新华书店

印　　刷 / 河北鑫彩博图印刷有限公司

开　　本 / 787毫米×1092毫米　1/16

印　　张 / 13　　　　　　　　　　　　　　　责任编辑 / 时京京

字　　数 / 314千字　　　　　　　　　　　　文案编辑 / 时京京

版　　次 / 2023年1月第1版　2023年1月第1次印刷　责任校对 / 刘亚男

定　　价 / 59.00元　　　　　　　　　　　　责任印制 / 王美丽

前　言

　　建筑信息模型（BIM）是指在建设工程及设施的规划、设计、施工和运营维护阶段全寿命周期创建与管理建筑信息的过程，全过程应用三维、实时、动态的模型，涵盖了几何信息、空间信息、地理信息、各种建筑组件的性质信息及工料信息。BIM作为数字化转型的核心技术，在政府、行业协会、企业的共同参与和推动下，已在工程建设中得到广泛应用。大到北京大兴国际机场、冬奥会场馆，小到机电设备安装等分部分项工程，BIM技术已经成为实现贯穿建筑全寿命期的信息集成、展现和协同的重要支撑。

　　本书以实际工程案例及图纸为基础，以广联达BIM安装计量GQI2021软件为操作平台，分为广联达BIM安装计量GQI2021软件快速入门指南、室内建筑电气工程数字化建模计量和室内建筑生活给水排水工程数字化建模计量3个模块。每个模块根据岗位工作流程及工程案例，划分为若干项目，每个项目包括任务目标（知识目标、能力目标和素养目标）、任务描述、任务分析、任务实施（操作思路和操作流程）。

　　在学习本书前，学生要先完成安装工程识图、安装工程预算的课程学习，与安装工程BIM建模等课程衔接。

　　本书主要讲解广联达BIM安装计量GQI2021软件的使用，主要在机房使用本书完成教学过程，机房计算机要求采用win 7及win 7以上系统，至少8 G内存，独立显卡（至少1 G显存），才能保证软件在计算机上流畅运行。

　　本书为立体化教材，也是岗课赛证融通教材，教材使用的电子图纸为实际工程案例图纸，图纸贴合实际。教材内容以安装工程预算员岗位工程流程为基础，模拟实际岗位工作流程，较高地还原了实际岗位的真实工程任务及流程。对应比赛为由中国建设教育协会主办的全国数字建筑创新应用大赛中数字建筑工程造价综合应用（安装方向）赛项，对应职业技能等级证书为1+X工程造价数字化应用（初级、中级）机电安装类专业机电安装工程计量与计价。

　　本书由辽宁建筑职业学院姜泓列、刘启利担任主编，辽宁建筑职业学院高寰、辽阳建兴工程造价咨询事务所有限责任公司李桐颉、中诚志工程项目管理有限公司李艳丽参与编写。具体编写分工如下：模块1由姜泓列编写，模块2由姜泓列、刘启利、李桐颉编写，模块3由姜泓列、高寰、李艳丽编写。同时感谢校企合作单位的两位企业专家——万达地产集团有限公司佟新、北京百量衡工程咨询有限公司辽宁分公 司董晓杰在编写全过程中给予的帮助、指导与建议。

由于编者水平有限，时间仓促，书中难免存在疏漏和不足，敬请读者批评指正。

本书附电子图纸，可扫描二维码下载。

电气工程图纸

给水排水工程图纸

编　者

目 录

模块 1

广联达BIM安装计量GQI2021软件快速入门指南

项目 1

广联达 BIM 安装计量 GQI2021 软件概述

1.1 广联达 BIM 安装计量 GQI2021 软件介绍及原理

1.1.1 广联达 BIM 安装计量 GQI2021 软件介绍

广联达 BIM 安装计量 GQI2021 软件是针对民用建筑安装全专业研发的一款工程量计算软件。GQI2021 支持全专业 BIM 三维模式算量和手算模式算量，适合所有电算化水平的安装造价和技术人员使用，兼容市场上所有电子版图纸的导入，包括 CAD 图纸、Revit 模型、PDF 图纸、图片等。通过对 CAD 图纸（或其他格式）的智能识别方式，快速形成安装造价模型并计算工程量；通过智能化识别、可视化三维显示、专业化计算规则、灵活化的工程量统计、无缝化的计价导入，全面解决安装专业各阶段手工计算效率低、难度大等问题。

1.1.2 广联达 BIM 安装计量 GQI2021 软件工作原理

广联达 BIM 安装计量 GQI2021 软件从导入的 CAD 安装工程图纸上拾取 CAD 信息（设备、管、线等），转化为算量软件的构件图元，并根据各图元之间的关系，自动生成附属图元及附属信息（如给水工程中识别管线后会自动生成弯头三通等管件、自动连接卫生器具等），然后依据内置的安装工程各专业的工程量计算规则输出计算结果。

广联达 BIM 安装计量 GQI2021 软件算量的效率和准确率受图纸的规范化程序和对软件熟悉程序的影响。图纸的规范程序主要指各类构件是否严格按照图层进行区分（如在室内建筑生活给水排水 CAD 图纸中，给水管道是一个图层，排水管道是一个图层），同一点式构件是否为同一图块（如在室内建筑电气照明平面图中，⬛ 防水防尘灯的图例是一个图块），CAD 线表示的管线图元画法是否满足制图要求，CAD 图纸信息内容完整等。

1.2 广联达 BIM 安装计量 GQI2021 软件操作流程

1.2.1 广联达 BIM 安装计量 GQI2021 软件通用操作流程

广联达 BIM 安装计量 GQI2021 软件通用操作流程：新建工程→工程设置→楼层设置→添加图纸→分割图纸→图纸与楼层对应→定位图纸→绘图输入（构件识别）→汇总计算→报表打印。

1.2.2 广联达 BIM 安装计量 GQI2021 软件构件识别顺序

在广联达 BIM 安装计量 GQI2021 软件通用操作流程中，花费时间和精力最多的工作是绘图输入（构件识别）。构件即在绘图过程中建立的各专业常用的管道、阀门、管件、卫生器具、电气设备等，广联达 BIM 安装计量 GQI2021 软件中构件类型主要有点式构件、线式构件、依附构件。建筑安装工程各专业不同构件类型图元形式见表 1-1。

表 1-1

建筑安装工程专业	构件类型	点式构件	线式构件	依附构件
给水排水工程	卫生器具	√		
给水排水工程、采暖工程、消防工程	管道		√	
给水排水工程、采暖工程、消防工程	阀门法兰			√
给水排水工程、采暖工程、消防工程	管道附件（水表、压力表等）			√
给水排水工程、采暖工程、消防工程	零星构件（套管）			√
采暖工程	供暖器具	√		
消防工程	消火栓	√		
消防工程	喷头	√		
电气工程	照明灯具	√		
电气工程	开关插座	√		
电气工程	配电箱柜	√		
电气工程	电线导管		√	
电气工程	电缆导管		√	
电气工程	防雷接地	√	√	
电气工程	零星构件（接线盒、套管）			√

在绘图输入（构件识别）时，一定要按照点式构件识别→线式构件识别→依附构件识别的顺序进行。这种识别顺序的优点：软件会先识别出点式构件。之后在识别线式构件时，软件会按照点式构件与线式构件的连接关系使线式构件自动连接上点式构件，根据标高差自动生成连接两者之间的竖向管道。例如，在室内建筑生活给水排水工程中，先识别点式构件各种卫生器具，再识别线式构件给水排水管道。这时管道自动连接卫生器具生成立管，如果反过来识别，则管道连接卫生器具的立管要独立绘制，增加软件绘制的不必要工程量

3

和时间。线式构件完成后再识别依附构件，例如，线式构件给水管道识别完毕，再进行依附构件阀门法兰、水表这种依附于管道上的构件的识别，阀门、水表会依据根附的管道管径，自动生成管径，如果没有管道，阀门、水表无法生成，如图 1-1、图 1-2 所示。

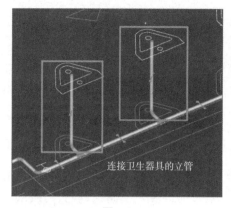

连接卫生器具的立管

图 1-1

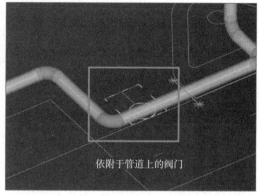

依附于管道上的阀门

图 1-2

建筑安装工程具体各个专业的识别顺序会在后面的内容中进行讲解。

1.3　软件安装、卸载

1.3.1　软件安装

软件安装的操作步骤如下：

第一步：双击安装包，运行后将会弹出如图 1-3 所示的界面。安装程序默认的安装路径为"C：\ Program Files \ Grandsoft \ "，可以单击"浏览"按钮来修改安装路径，建议改为"D：\ Program Files \ Grandsoft \ "，减轻 C 盘的压力。单击"许可协议"可以进行用户许可协议的查看，必须同意协议才能继续安装。

图 1-3

第二步：单击"立即安装"按钮，开始进行软件安装(图1-4)，强烈建议在安装之前关闭所有其他运行的程序。

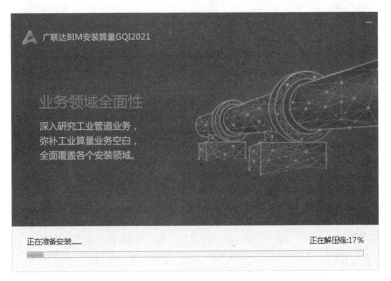

图 1-4

第三步：安装完成后会弹出图1-5所示的窗口，单击"安装成功"按钮即可完成安装。

图 1-5

1.3.2 软件卸载

软件卸载的操作步骤如下：

方法一：执行计算机左下角"开始"→"所有程序"→"广联达建设工程造价管理整体解决方案"→"卸载广联达 BIM 安装计量 GQI2021"命令，弹出"卸载向导"界面，按"卸载向导"界面提示卸载，如图1-6所示。

图 1-6

方法二：在 Windows 10 或 Windows 7 的"设置"中选择"应用和功能"，在"应用和功能"中选择"广联达 BIM 安装计量 GQI2021"，单击"卸载"按钮；弹出卸载向导界面，按卸载向导卸载，如图 1-7 所示。

图 1-7

1.4 软件启动、退出

1.4.1 软件启动

可以通过以下两种方法来启动广联达 BIM 安装计量 GQI2021 软件。

方法一：双击桌面上"广联达 BIM 安装计量 GQI2021"快捷图标(图 1-8)，即可打开软件。

方法二：执行桌面左下角"开始"→"程序列表"→"广联达建筑工程造价管理整体解决方案"命令，单击"广联达 BIM 安装计量 GQI2021"图标即可打开软件，如图 1-9 所示。

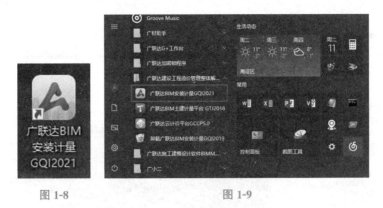

图 1-8   图 1-9

1.4.2 软件退出

可以通过以下两种方法来退出广联达 BIM 安装计量 GQI2021 软件。

方法一：鼠标左键单击软件主界面右上角的"关闭"按钮 ✖ ，即可退出软件，如图 1-10 所示。

图 1-10

方法二：单击左上角程序按钮，在下拉列表中单击"退出"按钮即可退出软件，如图 1-11 所示。

图 1-11

1.5 广联达 BIM 安装计量 GQI2021 软件主界面介绍

广联达 BIM 安装计量 GQI2021 软件的主界面如图 1-12 所示。

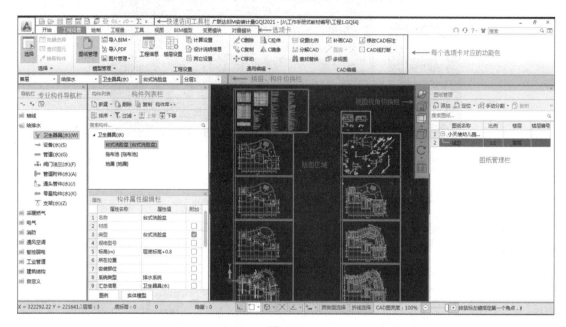

图 1-12

1.5.1 快速访问工具栏

1.5.1.1 操作命令

快速访问工具栏包含软件常用的操作命令主要如下:

(1) "新建工程"命令:该命令可以新建一个全新安装专业工程。

(2) "打开"命令:该命令可以按照文件路径打开一个已有的安装专业工程。

(3) "保存"命令:该命令可以对正在操作编辑的安装专业工程按照文件路径进行保存。

(4) "导出 GQI"命令:该命令是使用软件识别计算完工程量后,导出 GQI 文件。

(5) "导出 BIM5D"命令:该命令是使用软件识别计算完工程量后,同时会生成安装专业 BIM 模型,可以将安装专业 BIM 模型导出后再导入广联达 BIM5D 软件,可以实现 BIM 模型协同管理。

(6) "导出 IFC"命令:该命令是使用软件识别计算完工程量后,同时会生成安装专业 BIM 模型,可以将安装专业 BIM 模型导出后再导入广联达 magicad 软件。magicad 软件支持承接安装建模的图元显示,专门支持将模型导入到 IFC 的处理,方便后续深化设计出图使用。

(7) "导入土建模式"命令:执行该命令可以导入使用广联达 BIM 土建计量平台 GTJ

软件绘制的模型，使土建专业与安装专业模型合二为一。

(8) "模型合并"命令：执行该命令可以使多人完成的安装工程文件合并为一个工程文件，方便多人协同工作。同时，该功能可以使设计者看到多专业管线的碰撞、避让情况。只有在模型合并的多场景的应用下，才能体验碰撞检查、管道避让、剖切面的效果。目前的模型合并以施工阶段为核心，能够帮助预算人员更快、更早地发现工程冲突场景，减少因碰撞导致的变更出现，做好安装的造价把控工作。

(9) "撤消"命令：使用该命令可以撤消 1 个或多个之前操作过的命令，一般在之前有 1 个或一连串错误命令时可以使用该命令，撤消命令不支持不连串命令的撤消。

(10) "恢复"命令：使用该命令可以恢复之前错误撤消的命令。

(11) ∑ "汇总计算工程量"命令：使用该命令可以对识别完成的建筑安装工程设备、管线等进行汇总计算，以便查看工程量。

1.5.1.2 "模型合并"命令操作步骤

"模型合并"命令操作步骤如下：

(1)执行"模型合并"命令，在弹出的对话框中选择要合并的工程文件，如图 1-13 所示。

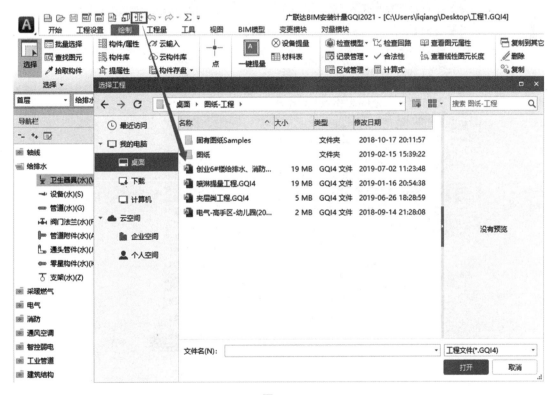

图 1-13

(2)单击"打开"按钮后，软件自动分析所选工程，进行解析、升级等操作，如图 1-14 所示。

(3)分析完毕后，在弹出的对话框中进行选择楼层操作，如图 1-15 所示。

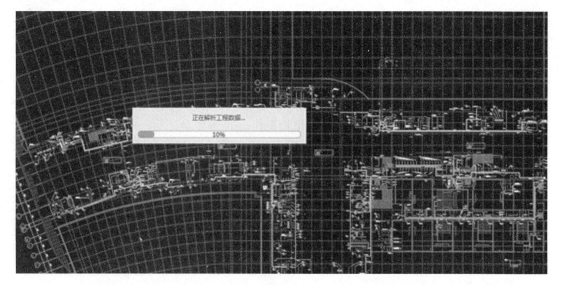

图 1-14

图 1-15

(4)软件支持选择局部楼层模型的合并。软件自动根据当前工程的楼层及无图纸无图元的分层进行匹配，如图 1-16 所示。当无法匹配楼层时，需要手动进行调整。

(5)软件支持局部合并操作。软件会按照勾选的楼层及分层进行合并操作。取消勾选的楼层将无法进行楼层及分层的选择，如图 1-17 所示。

图 1-16

图 1-17

(6)选择完毕后，单击"下一步"按钮进行设置插入点操作。对话框内显示上一步所勾选的楼层信息，如图 1-18 所示。

(7)软件支持对全部模型一起设置，也可以微调整局部楼层分层的模型。其对于插入点支持手动设置，或提取插入点操作，如图 1-19 所示。

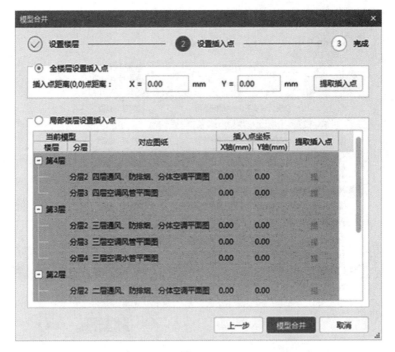

图 1-18

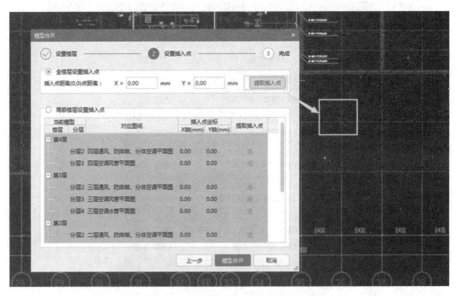

图 1-19

（8）设置好插入点后，执行"模型合并"命令，软件将按照所设置的楼层及插入点位置进行合并，如图 1-20 所示。

（9）合并完毕后，可以通过按 F5 键（合法性检查）进行查看是否有不合法图元，如图 1-21、图 1-22 所示。

（10）对于合并过来的工程图纸可以在图纸管理对话框内查看，对于备份好的工程，可以在当前工程保存路径下查看，如图 1-23 所示。

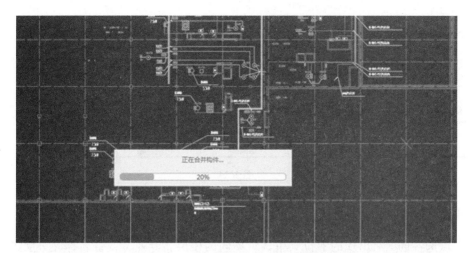

图 1-20

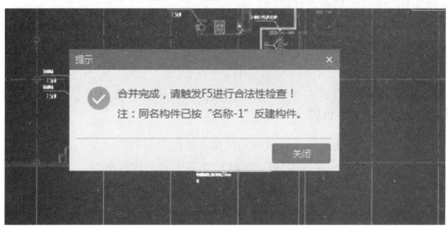

图 1-21

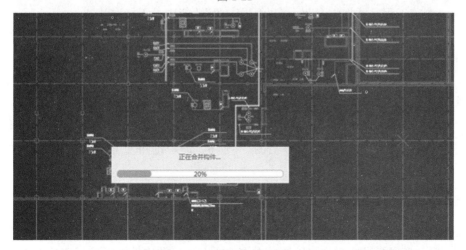

图 1-22

工程2.GQI4 ◄—— 合并版　　36 MB　GQI4 文件　2018-10-26 09:45:42

工程2（未合并版）.GQI4　　36 MB　GQI4 文件　2018-10-26 09:45:42

图 1-23

1.5.2 选项卡及功能包

每个选项卡下都对应着能实现不同功能的功能包，如图 1-24 所示，具体的功能、操作及使用会在后面进行讲解。

图 1-24

1.5.3 楼层构件切换栏

可以点选各选项后出现的下拉菜单，对不同的楼层、专业、设备名称、分层进行快速切换，方便对不同楼层的设备进行识别，如图 1-25 所示。

图 1-25

1.5.4 专业构件导航栏

通过触发"导航栏"功能来实现显示或隐藏操作界面的导航栏，如图 1-26 所示。

(1) "全部展开"命令：可同时展开导航栏中各专业的构件类型。

(2) "全部折叠"命令：可同时隐藏导航栏中各专业的构件类型。

(3) "编辑专业"命令：若新建工程时没有选择全专业，可执行"编辑专业"功能，在导航栏中添加需要的工程专业，如图 1-27 所示。

说明：当前工程已添加的专业，在"编辑专业"功能中是不能取消的。

(4) 鼠标左键单击安装工程各专业名称前面的 图标，则该专业的所有构件全部展开呈现出来。

(5) 当该专业的所有构件全部展开呈现出来后，鼠标左键单击安装工程各专业名称前面的 图标，则该专业的所有构件全部折叠隐藏所有构件。

(6) 鼠标左键单击导航栏右上角的 图标，可以隐藏该导航栏。如果想要导航栏重新显示出来，执行"视图"→"界面显示"上的"导航栏"命令即可重新显示导航栏，如图 1-28 所示。

1.5.5 构件列表栏

构件列表栏可以对整个工程所建立的构件进行管理，包括构件的新建、复制、排序等。

(1) 新建：当鼠标光标定位在导航栏中构件树上某一类构件上时，新建的即为当前类型的构件。

(2) 删除：删除所选构件，前提是该构件未在绘图区中绘制图元，快捷键为 Delete 键。

(3) 复制：复制所选构件，复制的构件与所选的构件完全相同。

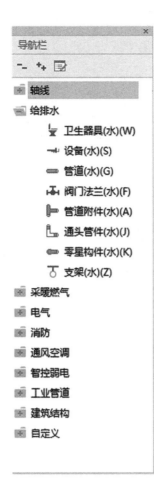

图 1-26

图 1-27

图 1-28

（4）重命名：重新命名所选构件的名称。

（5）排序：按所选的顺序排列构件树。可以"按名称""按子类型""按子类型和名称"及"按创建时间"进行排列。软件默认按创建时间排序，执行所选排序的目的是更方便对构件树的浏览及快速定位选择构件。

（6）过滤：按所选的过滤方式对构件树进行过滤，只显示满足过滤条件的构件。可以按"当前层使用构件""当前层未使用构件""全楼层未使用构件"等多种条件进行过滤；若不再需要进行构件过滤，可执行"不过滤"。

（7）上移/下移：可将所选构件的当前位置与其他同类构件进行置换，从而更便于查看或查找构件树内的构件。

（8）搜索构件：根据关键字进行快速查找已建构件。

(9)构件库：执行"构件库"命令，可在构件库平台上快速建立构件，再双击库中构件所在行，即可将构件建立于当前工程的构件列表，如图 1-29 所示。

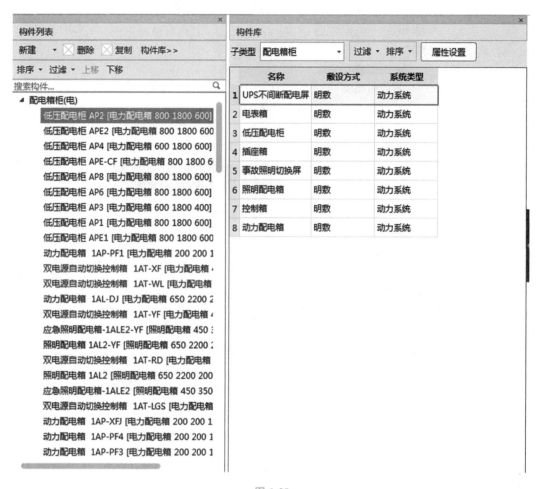

图 1-29

1.5.6 构件属性编辑栏

构件属性编辑栏用于新建构件的属性定义、已建构件的属性修改、绘图区中选中图元的属性修改，如图 1-30 所示。

属性分为公有属性与私有属性：前 4 个为公有属性，绘图区图元无论是否被选中，修改的属性信息均对该构件及已绘制图元修改有效；黑色字体为私有属性，只针对绘图区中选中图元修改有效。

1.5.7 绘图区

通过操作鼠标可以在绘图查找、选择、识别构件图元，可以对导入的图纸进行平移、放大、缩小等操作，如图 1-31 所示。

	属性名称	属性值	
1	名称	吸顶灯	
2	类型	普通吸顶灯	
3	规格型号	220V 36W	
4	可连立管根数	单根	
5	标高(m)	层顶标高	
6	所在位置		
7	系统类型	照明系统	
8	配电箱信息		
9	汇总信息	照明灯具(电)	
10	回路编号	N1	
11	是否计量	是	
12	乘以标准间数量	是	
13	倍数	1	
14	备注		
15	⊞ 显示样式		

图 1-30

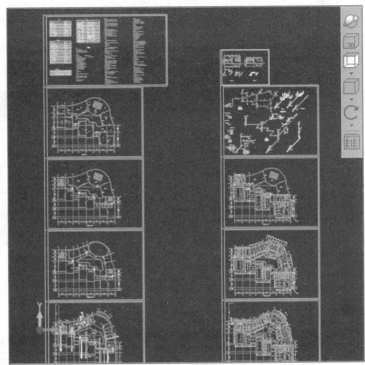

图 1-31

（1）图纸的放大、缩小、平移。

1）鼠标位置不变，向上滑动滚轮，放大 CAD 图；

2）鼠标位置不变，向下滑动滚轮，缩小 CAD 图；

3）双击滚轮，回到全屏状态；

4）按住滚轮，移动鼠标光标，进行 CAD 图的拖动平移。

（2）构件图元的选择。

1）点选：当鼠标光标处在选择状态时，在绘图区域单击某图元，则该图元被选择，此操作即为点选，如图 1-32 所示。

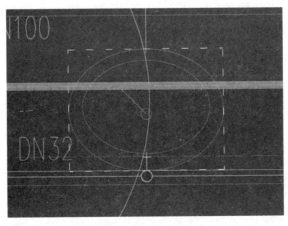

图 1-32

2)框选：当鼠标光标处在选择状态时，在绘图区域内拉框进行选择。

框选分为两种：

①单击图中任一点，向右方拉一个方框选择，拖动框为实线，只有完全包含在框内的图元才被选中，如图1-33所示。

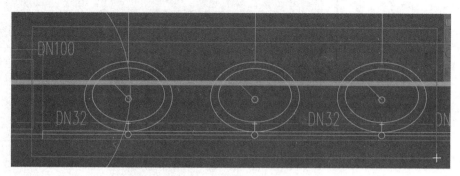

图 1-33

②单击图中任一点，向左方拉一个方框选择，拖动框为虚线，则框内及与拖动框相交的图元均被选中，如图1-34所示。

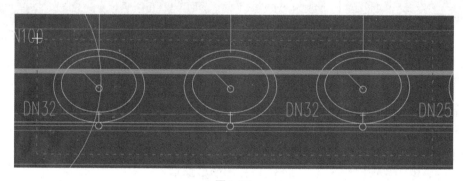

图 1-34

1.5.8　视图视角切换栏

视图视角切换栏可以对模型进行 2D(二维平面)视图和 3D(三维)视图、实体和线框切换，实现从不同角度观看图元平面和空间动态效果图。

1.5.9　图纸管理栏

利用图纸管理栏功能，可以避免用户在 CAD 中分层处理图纸，或者在软件中执行导出 CAD 图的功能分层处理图纸，然后手动将各层图纸一一导入各楼层并逐层进行 CAD 图的定位操作；提供图纸管理功能，可以快速分割、定位图纸，且可以进行楼层对应，将图纸分配至各个楼层。

1.5.10　软件中的快捷键

F1：打开"帮助"文件。

F2：控制"构件列表"显示与隐藏。

F3：打开"批量选择构件图元"对话框。

F4：恢复默认界面。

F5：启动"合法性检查"功能。

F6：启动"显示 CAD 图元"功能。

F7：启动"CAD 图层显示"功能。

F8：打开"楼层图元显示设置"对话框。

F9：打开"汇总计算"对话框。

F11：打开"多图元查看工程量"对话框。

"构件(字母)"：显示与隐藏构件，如管道(水)(G)，按 G 键可以显示与隐藏水管。

"Shift＋构件(字母)"：显示与隐藏构件名称，如按 Shift＋G 组合键可以显示与隐藏水管名称。

💡 **知识拓展**

BIM 技术的特点和优势：BIM 技术在港珠澳大桥中的应用

港珠澳大桥是"一国两制"框架下、粤港澳三地首次合作共建的超大型跨海通道，全长 55 km，设计使用寿命 120 年，总投资约 1 200 亿元人民币。大桥于 2003 年 8 月启动前期工作，2009 年 12 月开工建设，筹备和建设前后历时达 15 年，于 2018 年 10 月开通营运。BIM 技术在港珠澳大桥的应用与管理如下。

1. 路线线形设计

项目组将 Autodesk Revit 软件与中交第二公路勘察设计研究院有限公司(中交二公院)自主研发的路线专家系统结合，利用路线专家系统的平面坐标、纵断面高程及坡度计算等功能，生成用于 Autodesk Revit 建模的路线数据，采取二次开发的手段，实现隧道路线三维实体的自动创建。

2. BIM 多专业协同设计

拱北隧道 BIM 建模项目由结构专业、交通工程专业、防排水工程专业及路基路面专业等四大专业协同设计完成。

3. BIM 隧道设计流程

拱北隧道设计可以分为两类：工作井和特殊段建模，其 BIM 建模的主要流程有项目模板、标准构件、路线线形、横断面、管幕及附属构造，最后形成 BIM 设计成果。

4. BIM 模型与出图

基于以上步骤，项目组完成了冻结曲线管幕、暗挖开挖断面 345 m² 拱北隧道 BIM 模型，以及东、西两侧工作井和周边主要建筑物拱北口岸 BIM 模型。

模块 2

室内建筑电气工程数字化建模计量

室内建筑电气照明、插座系统工程数字化建模计量的特点及整体流程如下。

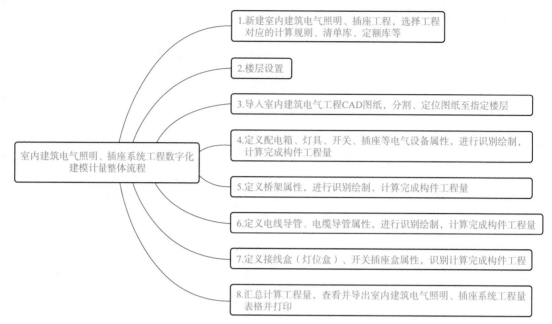

在使用广联达 BIM 安装计量 GQI2021 软件进行室内建筑电气工程数字化建模计量时，一定要按照图中序号流程进行。如果不按这个流程进行，如先识别电线导管、电缆导管，再识别配电箱、灯具、开关等设备，就会出现电线导管不连接设备的情况，还要再单独生成竖向电线导管，会大大增加工作量和操作时间，降低完成工作的效率。

项目 2

室内建筑照明、插座系统工程数字化建模计量的准备工作

2.1　新建室内建筑电气照明、插座系统单位工程

任务目标

1. 知识目标
(1)掌握 2017 年辽宁省通用安装工程定额库、清单规范;
(2)掌握建筑电气工程图纸基本信息;
(3)掌握工程楼层信息。

2. 能力目标
(1)根据图纸及工程要求,能够正确选择定额库、清单规范规则;
(2)根据图纸及工程要求,能够在软件中完善工程信息;
(3)根据图纸及工程要求,能够在软件中完成楼层设置。

3. 素养目标
(1)培养学生精准化量价数据处理和精细化工程造价管理为内涵的工匠精神;
(2)强化学生精益求精的品质。

任务描述

　　根据客户要求,依据《辽宁省通用安装工程计价依据(2017 版)》(计价定额),完成正大集团办公楼工程的室内建筑电气照明、插座系统的数字化建模计量工作。首先新建室内建筑电气照明、插座系统单位工程,选择正确的专业、计价规则、清单库、定额库及算量模式,根据工程实际情况完善工程信息,完成楼层设置。

正大集团办公楼工程建设地点为辽宁省，建筑面积为 2 030.34 m²，建筑高度为 8 m，建筑层数为二层，首层地面标高为±0.000 m，二层地面标高为 4.000 m，屋面标高为 8.000 m，屋面女儿墙标高为 9.200 m。结构形式为框架结构，基础形式为独立基础。根据相关行业规定及客户要求，采用辽宁省建设工程计价依据——《辽宁省通用安装工程定额（2017 版）》。在使用广联达 BIM 安装计量 GQI2021 软件完成正大公司办公楼工程室内建筑电气照明、插座系统的数字化建模计量工作之前，需先要完成以下主要的前期准备工程：

（1）启动软件后新建室内建筑照明、插座系统单位工程，根据工程信息及客户要求正确选择工程专业、计价规则；

（2）正确选择清单库、定额库及算量模式；

（3）根据图纸信息，完善工程信息；

（4）根据图纸楼层信息，完成楼层设置。

任务实施

2.1.1 新建室内建筑电气单位工程

【操作思路】

新建室内建筑电气单位工程的操作思路如图 2-1 所示。

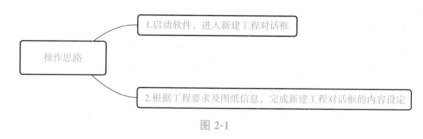

图 2-1

【操作流程】

（1）启动广联达 BIM 安装计量 GQI2021 软件，进入软件界面，弹出"新建工程"对话框，根据工程实际情况，将工程名称、工程专业、计算规则、清单库、定额库、算量模式进行填写及选择，如图 2-2 所示。

（2）工程名称设定：在工程名称中填写"正大集团办公楼电气照明插座系统工程"，如图 2-3 所示。

（3）工程专业设定：工程专业选定时，单击后面的三点的"浏览"按钮，在弹出的对话框中勾选"电气"，并单击"确认"按钮，如图 2-4 所示。

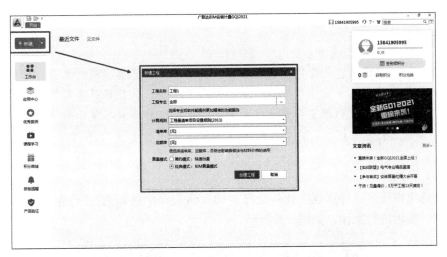

图 2-2

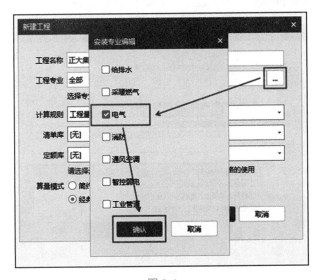

图 2-3

图 2-4

　　"工程专业"软件默认是全部安装专业，可根据工程实际情况进行选择，选择哪个专业，进入软件后就会在专业构件导航栏中出现哪个专业。如默认是全部安装专业，则在专业构件导航栏中出现全部安装专业。如果在新建工程时遗漏了某个专业工程，可在进入软件界面后进行专业追加，具体操作步骤见模块1项目1中"1.5.4 专业构件导航栏"中内容。

　　（4）计算规则设定：计算规则软件已经自动默认选择了最新的"工程量清单项目设置规则（2013）"，不用进行操作，如图 2-5 所示。

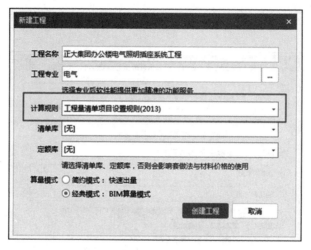

图 2-5

　　（5）清单库设定：单击清单库下三角按钮，会出现下拉菜单，在下拉菜单中选择辽宁最新清单库"工程量清单计价规范（2017-辽宁）"，如图 2-6 所示。

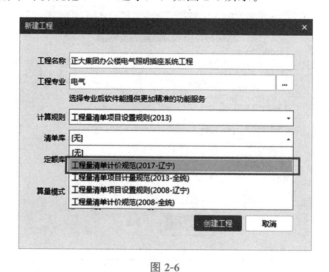

图 2-6

辽宁最新的工程量清单计价规范为2017年版，为满足工程要求所以选择"工程量清单计价规范(2017-辽宁)"。

我国工程量清单计价规范还没有统一，各省有各省的工程量清单计价规范，所以在选择工程量清单计价规范时，要根据工程所在地及相关规定选择工程所在地的工程量清单计价规范。

工程量清单计价规范一般每几年会由相关建设主管部门进行更新，在选择年份版本时，一般选择最新版本。

(6)定额库设定：单击定额库下三角按钮，会出现下拉菜单，在下拉菜单中选择辽宁最新定额库"辽宁省通用安装工程定额(2017)"，如图2-7所示。

图 2-7

因为电气工程隶属于通用安装工程，而辽宁最新的通用安装工程定额为2017年版，为满足工程要求，所以选择"辽宁省通用安装工程定额(2017)"。

我国工程建设定额还没有统一，各省有各省的工程定额，所以在选择工程定额时，要根据工程所在地及相关规定选择工程所在地的工程定额。

相关建设主管部门一般每几年会对工程定额进行更新，在选择年份版本时，一般选择最新版本。

(7)算量模式设定：算量模式选择"经典模式：BIM算量模式"，如图2-8所示。

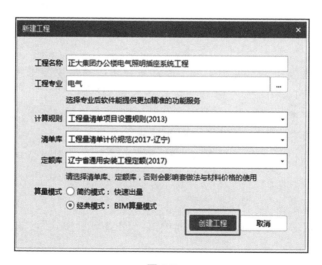

图 2-8

简约模式：可快速出量，只需五步即可完成算量工作：导图→设备提量→管线提量→汇总计算→出量。简约模式开创了大平层算量的新方法。新建工程后，软件会加载一个特殊楼层——工作面层。工作面层是整个软件的独立层，不属于任何楼层，也不受任何楼层层高的影响。当图纸要求各楼层层高不一致时，可以任意调整图元标高来对应图纸层高。在工作面层进行图纸识别时，可以快速出量进行检查。

经典模式：采用 BIM 全三维精细化算量，出量方式灵活，查量核量方便，功能操作很经典。经典模式沿用 2015 版软件的界面风格及操作流程，对于熟悉 2015 版软件的用户，可以快速上手，灵活使用。

(8)创建工程：上述操作完成后，单击"创建工程"按钮，完成新建电气单位工程，如图 2-9所示。

图 2-9

（9）创建工程完成后，进入软件操作界面，如图 2-10 所示。

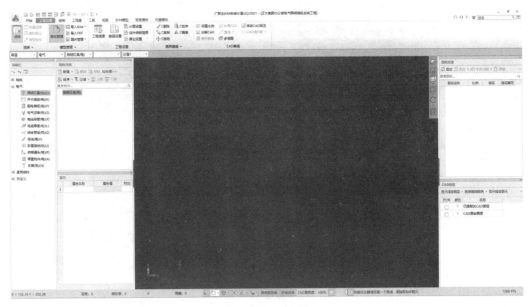

图 2-10

2.1.2 根据图纸信息，完善工程信息

【操作思路】

根据图纸信息，完善工程信息的操作思路如图 2-11 所示。

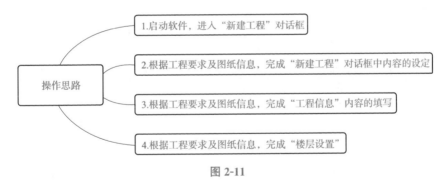

图 2-11

【操作流程】

（1）鼠标左键单击"工程设置"功能包的"工程信息"按钮，如图 2-12 所示。

（2）在弹出的"工程信息"对话框中，根据工程要求及图纸信息，补充完善工程信息，如图 2-13 所示。

（3）"工程信息"填写完成后，鼠标左键单击右上角的"关闭"按钮，关闭即可，如图 2-14 所示。

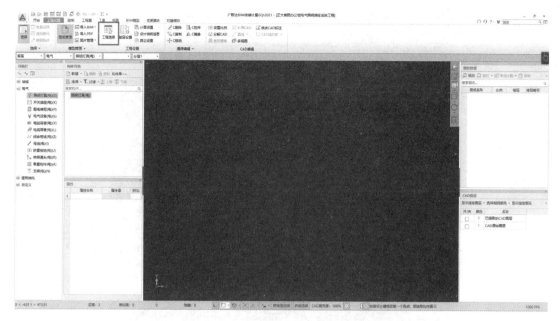

图 2-12

图 2-13

图 2-14

内容拓展

工程信息的补充完善主要依据工程要求及信息进行填写，其填写全面与否对甲方、乙方及第三方了解工程非常重要。

工程信息内容是否完整不会影响软件中构件图元的识别和计量。

（4）根据建筑施工图图纸，该办公楼工程建筑层数为二层，首层地面标高为±0.000 m，二层地面标高为4.000 m，屋面标高为8.000 m，屋面女儿墙标高为9.200 m，如图2-15所示。

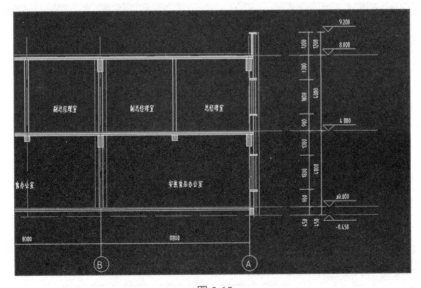

图 2-15

（5）单击"工程设置"功能包的"楼层设置"按钮，进入"楼层设置"对话框，如图 2-16 所示。

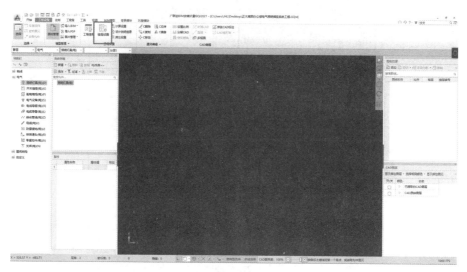

图 2-16

💡 内容拓展

设置楼层的目的是将各层图纸分割定位至各个楼层，在各个楼层识别完构件后，可查看整个建筑物全部或部分楼层的系统化三维模型。

（6）在"楼层设置"对话框中，软件默认两个楼层：一个为基础层；一个为首层，如图 2-17 所示。

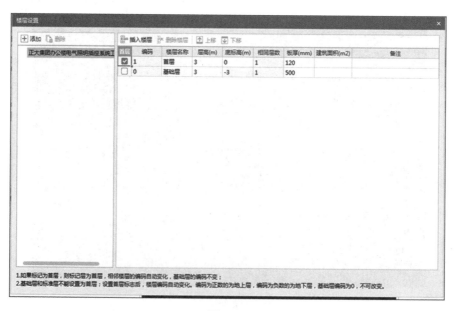

图 2-17

(7)单击首层行，再单击"插入楼层"按钮，即可在首层上面插入楼层，单击一次"插入楼层"即可插入一层，如图 2-18 所示。

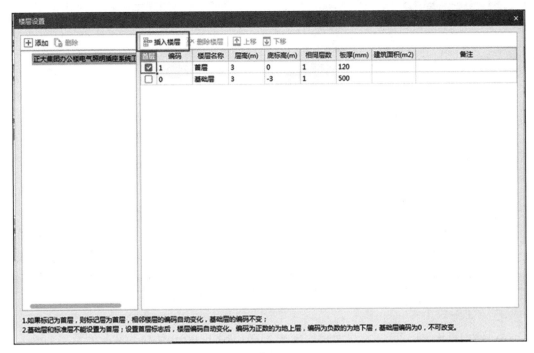

图 2-18

　　(8)楼层层高修改：首层地面标高为 ±0.000 m，二层地面标高为 4.000 m，三层地面标高为 8.000 m，屋面标高为 9.200 m，则一层、二层层高均为 4 m，屋面层高为 1.2 m，如图 2-19 所示。

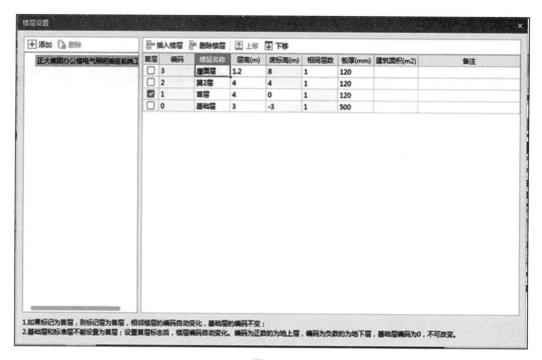

图 2-19

(9)"楼层设置"填写完成后，鼠标左键单击右上角的"关闭"按钮，关闭即可，如图 2-20 所示。

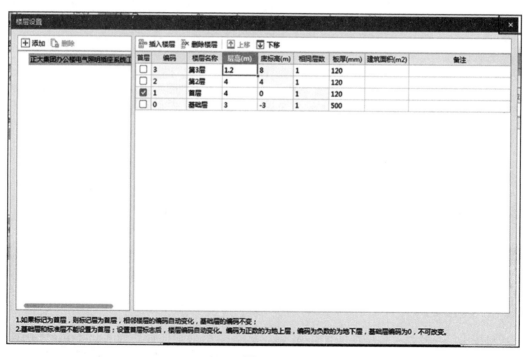

图 2-20

2.2 分割定位电气工程图纸

任务目标

1. 知识目标

(1)掌握电气系统图、各层照明插座平面图的导入、设置比例;

(2)掌握电气系统图、各层照明插座平面图的分割、定位。

2. 能力目标

(1)能够使用广联达 BIM 安装计量 GQI2021 软件在创建好的工程文件中导入电子版 CAD 施工图纸;

(2)检查导入 CAD 施工图纸的比例;

(3)能够使用广联达 BIM 安装计量 GQI2021 软件根据实际工程图纸将系统图、各层照明插座平面图进行图纸的拆分,并将拆分后的图纸分配到对应楼层;

(4)能够将拆分并分配到对应楼层的图纸进行统一定位。

3. 素养目标

(1)培养工作认真负责的态度,具有使用定额、预算手册等工具书查阅、准备资料的能力;

(2)培养学生领会工程造价有关文件与政策的意识。

任务描述

现已经使用广联达 BIM 安装计量 GQI2021 软件完成创建正大集团办公楼电气照明插座系统工程,工程信息及楼层的设置。但是,想要继续使用软件对正大集团办公楼电气照明插座系统工程的构件进行识别计量,要先将正大集团办公楼电气照明插座系统电子版 CAD 施工图导入软件,并进行图纸的分割、定位。

任务分析

通过查看正大集团办公楼电气照明插座系统施工图可知,本工程电气工程图纸主要包括图例表,各个配电箱系统图,各层照明、插座平面图等共 10 余张图纸,而且所有的系统图、各层电气平面图都在一个 CAD 文件中,给识别绘制带来不便,所以,现在需要完成以下工作任务:

(1)将正大集团办公楼电气照明插座系统 CAD 施工图导入已经创建好的工程,并检查导入的 CAD 图纸比例;

(2)将导入的正大集团办公楼电气照明插座系统 CAD 施工图进行分割,分配至已经建立的对应楼层,并进行统一定位。

任务实施

2.2.1 在创建好的工程中导入 CAD 图纸

【操作思路】

在创建好的工程中导入 CAD 图纸的操作思路如图 2-21 所示。

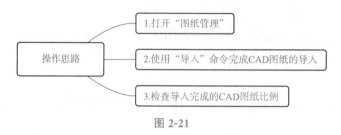

操作思路 — 1.打开"图纸管理"
操作思路 — 2.使用"导入"命令完成CAD图纸的导入
操作思路 — 3.检查导入完成的CAD图纸比例

图 2-21

【操作流程】

（1）导入图纸是通过图纸管理栏来完成的。找到图纸管理栏，如图 2-22 所示。

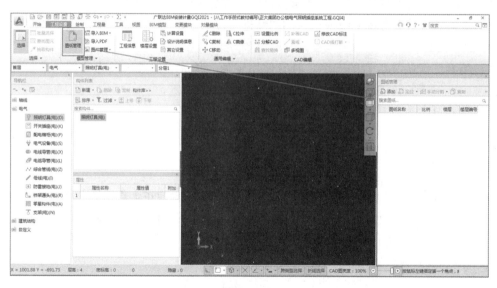

图 2-22

💡 **内容拓展**

"图纸管理"可提供图纸管理功能，可以快速导入、分割、定位图纸，且可以进行楼层对应，将图纸分配至各个楼层。

通过鼠标左键单击"图纸管理"按钮来显示和隐藏图纸管理栏。

（2）鼠标左键单击"图纸管理"中的"添加"按钮，在弹出的"批量添加 CAD 图纸文件"对话框中，找到图纸路径，选择"正大集团办公楼电气工程图纸"，鼠标左键单击"打开"按钮，图纸即导入软件，如图 2-23 所示。

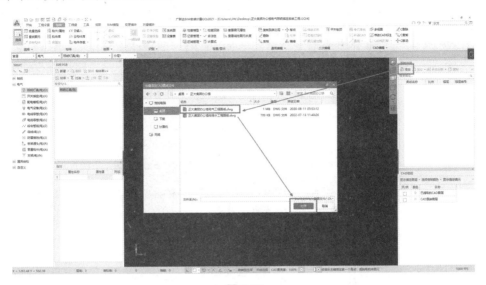

图 2-23

💡 **内容拓展**

如果一个工程有多套单独施工图纸，可以继续通过"添加"按钮增加新的施工图纸，直到将所需要的所有图纸添加完毕。

（3）导入图纸后，在图纸区域可以看到已经导入的图纸，如图 2-24 所示。

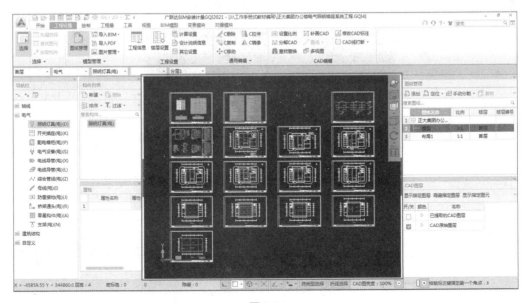

图 2-24

（4）如果图纸选择错误，导入了错误CAD图纸，可在图纸管理中选中错误图纸名称，进行删除，如图2-25所示。

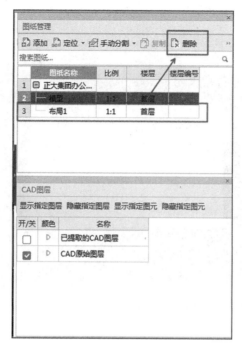

图 2-25

（5）检查导入的电气工程CAD施工图纸的比例。通过执行"工具"选项卡"辅助工具"功能包中的"测量两点间距离"命令完成，如图2-26所示。

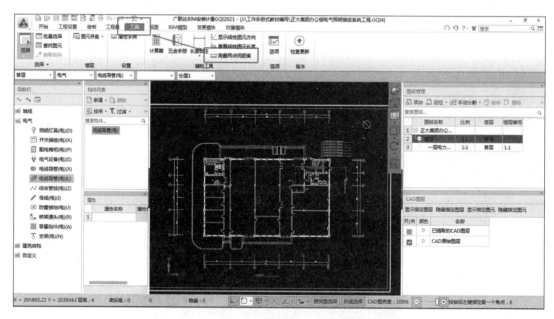

图 2-26

检查导入 CAD 图纸比例的目的如下：

电气工程计算电线、导管工程量是计算电线和导管的长度，手工计算时是在纸质图纸上用比例尺量取水平长度，得出电线、导管的工程量。而使用软件进行计算时，是在导入的 CAD 图纸上识别电线导管、电缆导管等的 CAD 图例线后形成电线导管、电缆导管图元，软件根据识别完成的电线导管、电缆导管图元及图纸比例自动计算出电线导管、电缆导管图元的水平长度，所以，导入 CAD 图纸比例的对错关系到工程量计算的准确程度。必须对导入的 CAD 图纸的比例进行检查，特别是当图纸比例不同时（如平面图的比例是1∶100，而详图的比例是1∶50），对于平面图和详图都要进行图纸比例检查。

（6）鼠标左键单击"测量两点间距离"按钮，在绘图区域找到图纸上任意的尺寸标注，如图 2-27 所示。

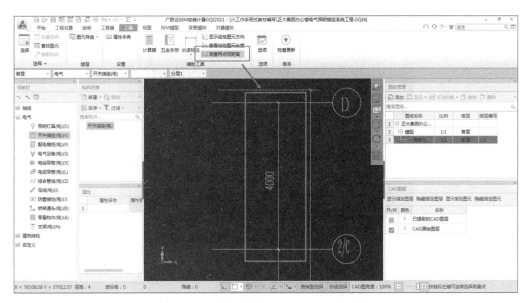

图 2-27

通过执行"测量两点间距离"命令检查图纸比例，通常会选择测量图纸上的尺寸标注，用测量的距离与图纸尺寸标注长度进行对比，查看标注数值与测量数值是否一致来判断图纸比例正确与否。

（7）鼠标左键单击尺寸标注的两个界线，测量其长度，单击鼠标右键确认。此时，弹出"提示"对话框显示所量长度值，如与尺寸标注数量一致，则该图纸比例正确。如图 2-28 所示测量长度和尺寸标注长度都为 4 000 mm，证明导入的 CAD 图纸比例正确，不用对图纸比例进行修改。

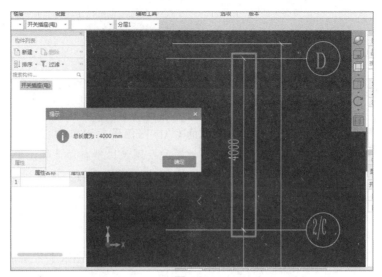

图 2-28

如果"提示"对话框显示所量长度值,与尺寸标注数量不一致,则该图纸比例不正确,需要调整比例,如图 2-29 所示。

图 2-29

(8)鼠标左键单击"工程设置"选项卡"CAD 编辑"功能包中的"设置比例"按钮,如图 2-30 所示。

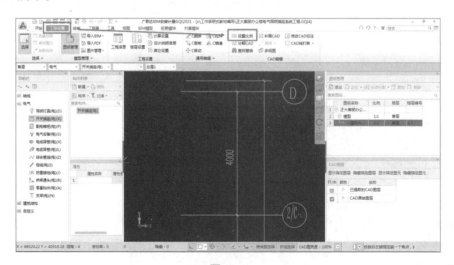

图 2-30

(9)在弹出的"尺寸输入"对话框中，由于该段尺寸的实际尺寸为2 500，因此，应将10 000改为2 500，然后单击"确定"按钮，如图2-31、图2-32所示。确定后选择的CAD图纸的比例发生变化，变成实际尺寸。

图 2-31

图 2-32

2.2.2　分割、定位室内建筑电气CAD施工图

【操作思路】

分割、定位室内建筑电气CAD施工图的操作思路如图2-33所示。

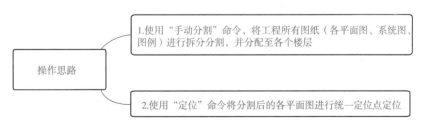

图 2-33

【操作流程】

(1)导入 CAD 图纸后，各楼层所有的平面图、系统图都处于同一个界面，需要对图纸进行拆分分割，并将拆分分割后的图纸分配至对应楼层，如图 2-34 所示。以一层电力干线平面图为实例进行讲解。

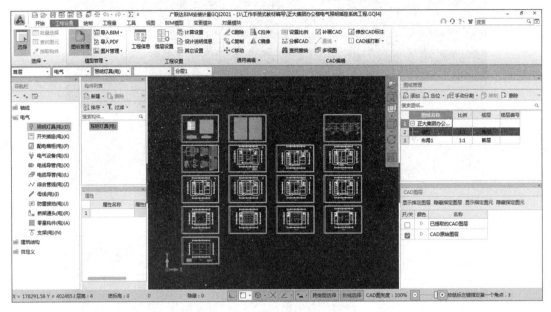

图 2-34

> 💡 **内容拓展**
>
> 由于绘图区域小，而所有的电气系统图、各平面图都在一起，此时可以通过操作鼠标滚轮查找、选择需要的图纸：
> (1)鼠标位置不变，向上滚动滚轮，放大 CAD 图；
> (2)鼠标位置不变，向下滚动滚轮，缩小 CAD 图；
> (3)双击滚轮，回到全屏状态；
> (4)按住滚轮，移动鼠标，进行 CAD 图的拖动平移。

(2)鼠标左键单击"手动分割"按钮，激活命令，如图 2-35 所示。

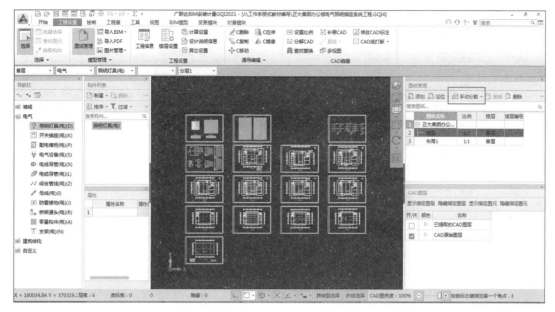

图 2-35

内容拓展

分割图纸有两种方法：一种为"手动分割"；另一种为"自动分割"，如图 2-36 所示。"手动分割"需要操作者手动选择需要分割出来的图纸。

"自动分割"是软件根据导入的 CAD 图纸，智能分割图纸，但由于智能化程度及 CAD 图纸问题，多数"自动分割"会失败。

图 2-36

(3)在绘图区域通过控制鼠标滚轮找到"一层电力干线平面图"，对图纸进行框选，在需要选定图纸的左上角后按住鼠标左键不放，拉框至选定图纸的右下角后松开鼠标左键，"一层电力干线平面图"即被选中。选中后，原图会变色，证明已经被选中，如图 2-37 所示。选中"一层电力干线平面图"单击鼠标右键确认，弹出"请输入图纸名称"对话框，如图 2-38 所示。

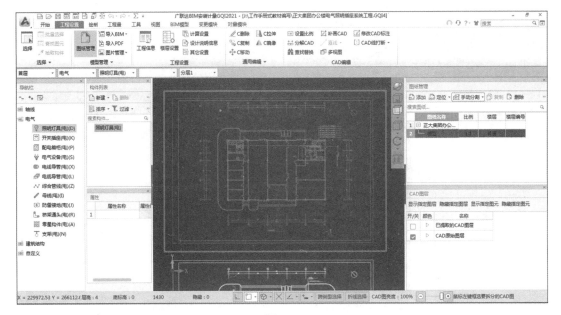

图 2-37

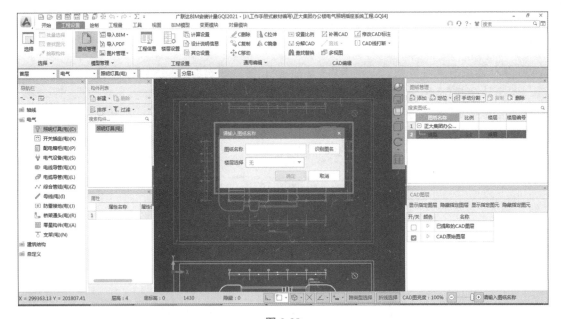

图 2-38

💡 内容拓展

拉框选择时，使用对角线原理，可以从左上角至右下角，也可左下角至右上角，只要按照对角线原理拉框将图纸框选上即可。

（4）鼠标左键单击"识别图名"按钮，然后通过控制鼠标滚轮，找到图纸中"一层电力干线平面图"中的文字字样，单击文字，鼠标右键确认，图纸名称即生成，如图2-39、图2-40所示。下一步进行楼层分配。

图 2-39

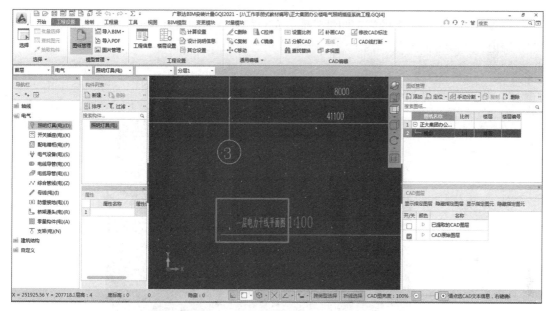

图 2-40

💡 内容拓展

图纸名称可以通过以下两种方式产生：

（1）识别图名：这种方式是通过鼠标点选CAD图已经有的图纸名称，软件识别文字自动生成，生成后也可以进行修改；

（2）直接打字：直接打字命名图纸名称。

以上两种方式在实际操作中都可以使用，识别图名效率较高，使用较多。

（5）因为一层电力干线平面图隶属于首层，所以，需要将其分配至首层。在"楼层选择"的下拉菜单中，勾选"首层"即可，如图2-41所示。

（6）在图纸名称和楼层选择完成后，单击"确定"按钮，"一层电力干线平面图"即可分割完成并分配至首层，如图 2-42 所示。

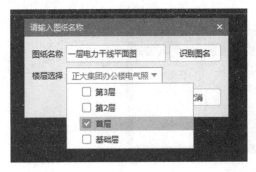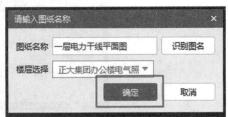

图 2-41   图 2-42

（7）被分割、分配出来的施工图纸外面有黄色的方框。同时在图纸管理中模型的下面生成"一层电力干线平面图"，图纸分割、分配成功，如图 2-43 所示。

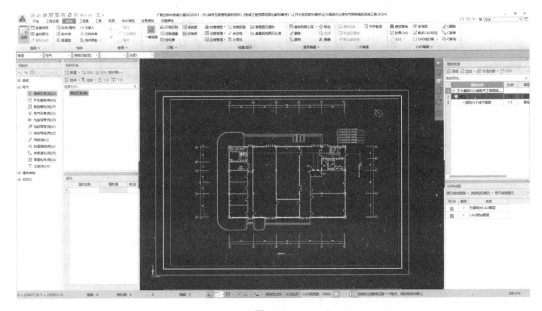

图 2-43

💡 内容拓展

　　一张施工图纸不是只可以被分割分配一次，而是可以根据情况被多次分割、分配到不同楼层。

（8）在分割、分配施工图纸时，如果操作时选定图纸错误，将二层照明平面图分割、分配至首层，如图 2-44 所示，则需要进行修改。

（9）鼠标左键单击二层照明平面图对应的首层后面的向下箭头，弹出下拉菜单，如图2-45所示。

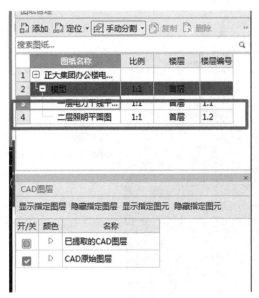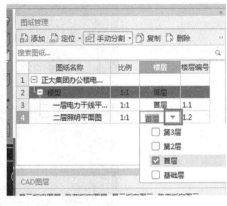

图2-44　　　　　　　　　　　　　　　图2-45

（10）勾选"第2层"，在第2层前面会出现√，在首层前面的√会自动去掉，如图2-46所示。

（11）修改完成后，二层照明平面图会重新分配至第2层，如图2-47所示。

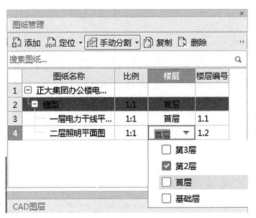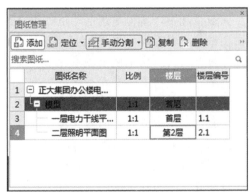

图2-46　　　　　　　　　　　　　　　图2-47

💡 内容拓展

也可以采用选中"二层照明平面图"后进行删除，重新拉框分割、分配至第2层的方法，但是这种方法没有只修改楼层效率高。

（12）"一层电力干线平面图"被分割、分配至首层后，需要对其进行定位，定位点一般选择每张图纸都共有的轴线与轴线的交点。鼠标左键单击"图纸管理"中的"定位"按钮，激活"定位"命令后，单击"交点"按钮，如图 2-48 所示。

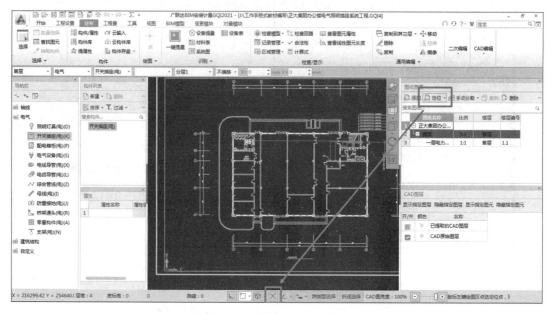

图 2-48

💡 内容拓展

　　一般情况下，室内建筑电气施工图纸数量较多，少则十几张，多则几十张，将这些施工图纸按楼层分割、分配后，图纸在竖向空间上由于没有定位点，显示时会非常混乱，导致竖向构件在空间上没有对齐，整个 BIM 模型在各层之间没有形成立体的层次感，例如，一根垂直线管在全楼应是处于一个位置，但是由于图纸没有定位，会导致这样一根垂直管线在一层识别后是一个位置，在二层识别后是另一个位置。整体 BIM 模型没有形成一个有机联系的整体模型，不利于以后模型的查看及其他 BIM 类软件的共享。所以，要对所有各层图纸进行定位，而且所有各层图纸的定位点必须是一个统一的定位点，这样才能达到定位的目的。

　　但是在对室内建筑电气施工图进行定位时，配电箱系统图和图例不需要定位，主要定位的是各层电气平面图。

　　（13）以①轴与Ⓐ轴的交点为定位点，分别点选"一层电力干线平面图"中②轴与Ⓐ轴，在①轴与Ⓐ轴的交点处产生一个红色叉号，即交点已经找到，单击鼠标右键确认该定位点，定位成功，如图 2-49 所示。

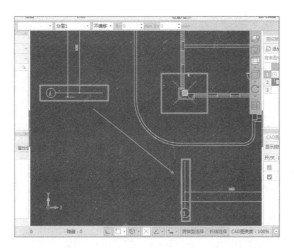

图 2-49

💡 内容拓展

案例讲解是以①轴与Ⓐ轴的交点为定位点，也可以取定②轴与Ⓐ轴的交点为定位点。只要是轴线与轴线的交点即可，取定哪两条轴线都可以。

但是在取定定位点时，一定要选取所有室内建筑电气施工图纸都有的一个定位点，例如一层平面图中取①轴与Ⓐ轴的交点为定位点，但在地下一层平面图中，没有①轴和Ⓐ轴，这样就不能选定①轴和Ⓐ轴的交点为定位点。选取定位点要做好统一规划。

（14）如果定位点选择或生成错误，可以进行删除，然后重新进行定位。鼠标左键单击"定位"按钮右边的向下箭头，在弹出的下拉菜单中出现"删除定位"按钮，单击"删除定位"按钮，找到并单击选定错误定位点后（定位点颜色发生变化，证明已经选定），单击鼠标右键确定，定位点就会被删除，如图 2-50 所示。

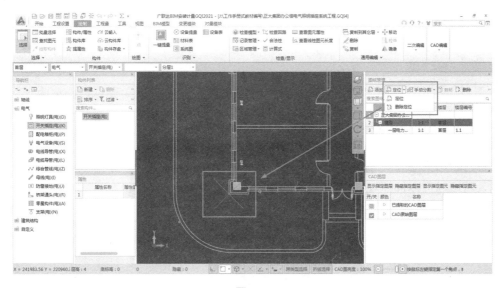

图 2-50

(15)在"一层电力干线平面图"分割定位完成后，讲解分割定位配电箱柜系统图的分割定位。以 AT 电力配电柜为例，如图 2-51 所示。

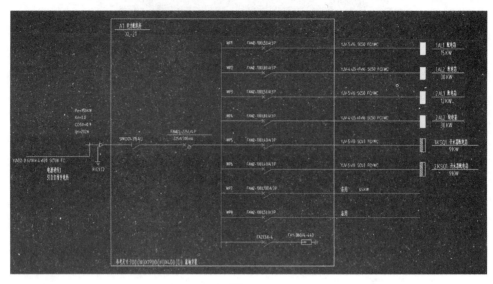

图 2-51

💡 **内容拓展**

　　对配电箱柜系统图进行分割定位的目的是，在广联达 BIM 安装计量 GQI2021 软件中，有识读"系统图"命令，该命令能识别系统图的名称及系统图所有回路的管线信息，通过识读系统图所有回路的管线信息能快速建立各种规格的电线导管(绝缘电线和保护管)和电缆导管(电缆和保护管)，这样就不用再新建定义电线导管和电缆导管，节省了大量时间，提高了工作效率。

　　所有配电箱柜的系统图都在同一张图纸里面，而不同的配电箱在不同的楼层中，例如"AT 电力配电箱"和"1AL1 配电箱"都在一层(通过一层电力干线平面图可查)，而"2AL1 配电箱"在二层(通过二层照明平面图可查)。所以，在对配电箱柜系统图进行分割定位时，要遵循以下原则：

　　(1)单独框选配电箱柜，而不是框选整张图纸；

　　(2)将所有配电箱分配至对应的楼层。

(16)在绘图区域找到"AT 电力配电柜"系统图，如图 2-52 所示。

(17)执行"手动分割"命令，拉框选择"AT 电力配电柜"系统图，单击鼠标右键确认，弹出"输入图纸名称"对话框，如图 2-53 所示。

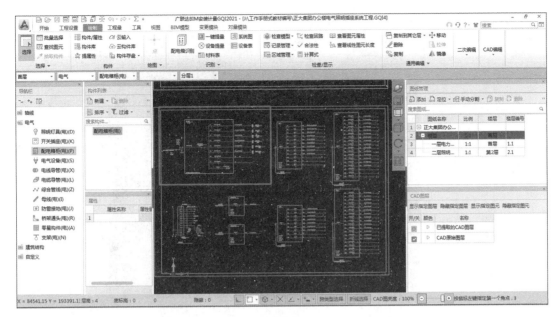

图 2-52

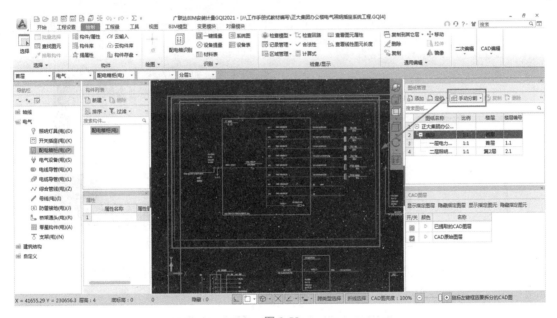

图 2-53

（18）鼠标左键单击"识别图名"按钮，然后通过控制鼠标滚轮，找到图纸中"AT 单击电力配电柜"中的文字字样，鼠标左键单击文字，单击鼠标右键确认，图纸名称即生成，如图 2-54～图 2-56 所示。下一步进行楼层分配。

图 2-54

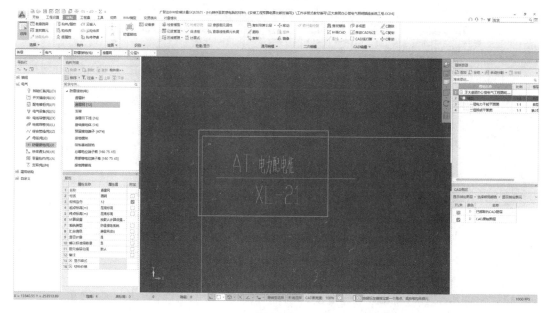

图 2-55

(19)由于"AT 电力配电柜"隶属于首层，所以需要将其分配至首层。在"楼层选择"的下拉菜单中，勾选首层即可，如图 2-57 所示。

图 2-56

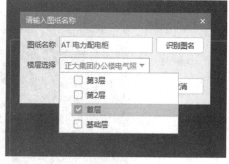

图 2-57

(20)单击"确定"按钮，"AT 电力配电柜"就分割完成并分配至首层，如图 2-58 所示。配电箱柜系统图不需要进行定位。

图 2-58

(21)在平面图和系统图分割定位完成后，讲解分割定位施工图纸中图例的分割定位，如图 2-59 所示。

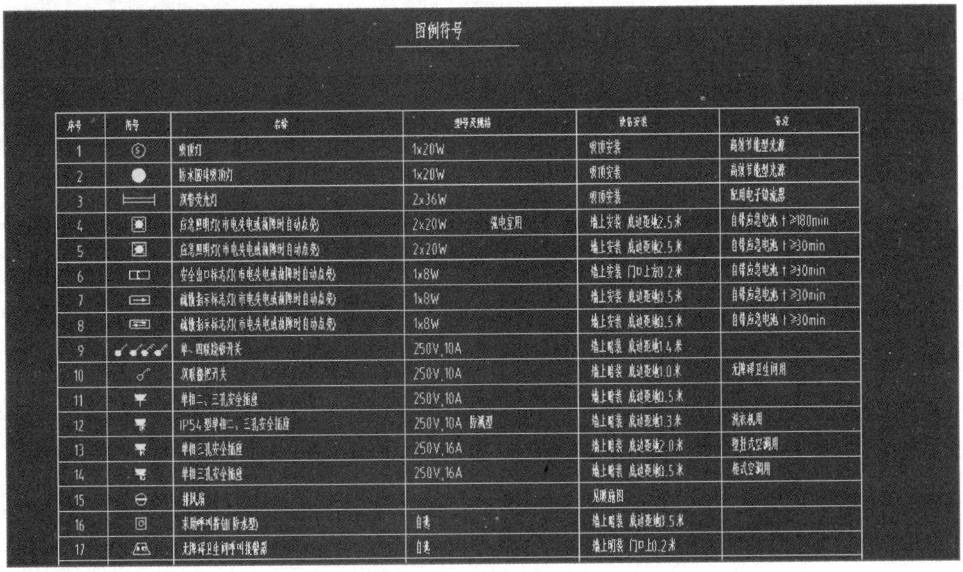

图例符号

序号	符号	名称	型号及规格	设备安装	备注
1		吸顶灯	1x20W	吸顶安装	高效节能型光源
2		防水圆球吸顶灯	1x20W	吸顶安装	高效节能型光源
3		双管荧光灯	2x36W	吸顶安装	配用电子镇流器
4		应急照明灯(市电失电或故障时自动点亮)	2x20W 强电室用	墙上安装 底边距地2.5米	自带应急电池 t≥180min
5		应急照明灯(市电失电或故障时自动点亮)	2x20W	墙上安装 底边距地2.5米	自带应急电池 t≥30min
6		安全出口标志灯(市电失电或故障时自动点亮)	1x8W	墙上安装 门口上方0.2米	自带应急电池 t≥30min
7		疏散指示标志灯(市电失电或故障时自动点亮)	1x8W	墙上安装 底边距地0.5米	自带应急电池 t≥30min
8		疏散指示标志灯(市电失电或故障时自动点亮)	1x8W	墙上安装 底边距地0.5米	自带应急电池 t≥30min
9		单、四联翘板开关	250V,10A	墙上暗装 底边距地1.4米	
10		双联翘板开关	250V,10A	墙上暗装 底边距地1.0米	无障碍卫生间用
11		单相二、三孔安全插座	250V,10A	墙上暗装 底边距地0.5米	
12		IP54型单相二、三孔安全插座	250V,10A 防溅型	墙上暗装 底边距地1.3米	洗衣机用
13		单相三孔安全插座	250V,16A	墙上暗装 底边距地2.0米	壁挂式空调用
14		单相三孔安全插座	250V,16A	墙上暗装 底边距地0.5米	柜式空调用
15		排风扇		见暖通图	
16		求助呼叫按钮(防水型)	自选	墙上暗装 底边距地0.5米	
17		无障碍卫生间呼叫报警器	自选	墙上明装 门口上0.2米	

图 2-59

内容拓展

电气施工图纸中的图例表主要包括各种电气设备(照明灯具、开关、插座等)的图例符号、设备名称、规格型号、安装方式和高度等信息，对施工图纸中的图例表进行分割定位的目的是通过“材料表”命令识别电气施工图纸中的图例表，可以将图例表中各种电气设备的图例符号、设备名称、规格型号、安装方式和高度等信息进行识别，直接生成并完成电气设备的属性定义，这样就不用再新建定义各种电气设备并输入属性信息，节省了大量时间，提高了工作效率。

(22)在绘图区域找到“图例符号表”，如图 2-60 所示。

(23)执行“手动分割”命令，拉框选择“图例符号”表，如图 2-61 所示。单击鼠标右键进行确认，弹出“输入图纸名称”对话框。

(24)在“输入图纸名”对话框中，单击“识别图名”按钮，然后通过控制鼠标滚轮，找到图纸中“图例符号”中的文字字样，鼠标左键单击文字，单击鼠标右键确认，图纸名称即生成，如图 2-62～图 2-64 所示。下一步进行楼层分配。

(25)在“楼层选择”中的下拉菜单中，勾选首层即可，如图 2-65 所示。

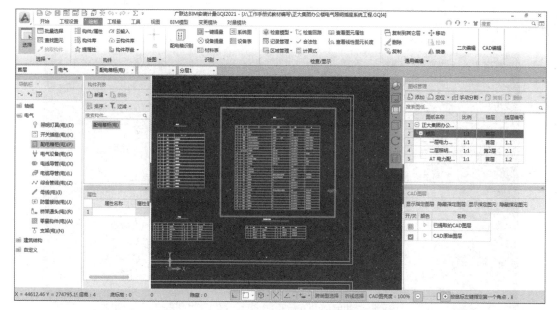

图 2-60

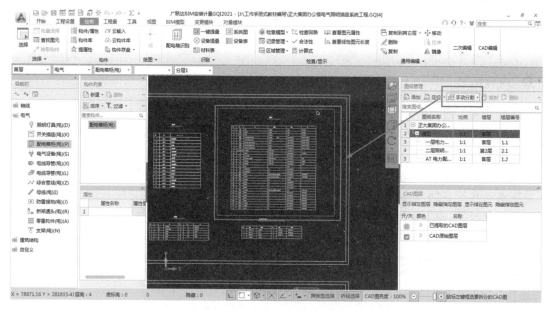

图 2-61

图 2-62

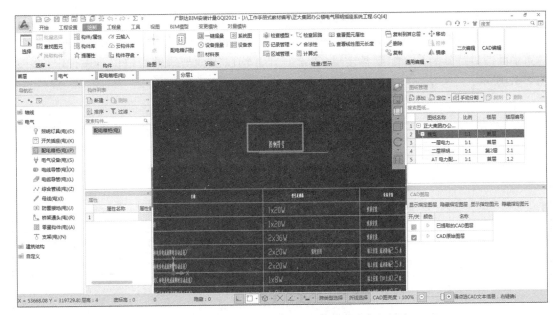

图 2-63

图 2-64

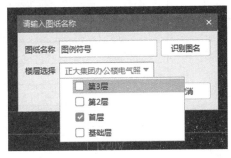

图 2-65

　　(26)鼠标左键单击"确定"按钮,"图例符号"表就分割完成并分配至首层,如图 2-66 所示。图例符号表不需要进行定位。

图 2-66

(27)上述操作流程分别以"一层电力干线平面图""AT 电力配电柜系统图""图例符号表"为实例进行了讲解，按照上述操作流程将一层、二层所有各平面图、系统图、接地平面图、防雷平面图进行分割并分配至各楼层（表 2-1），并均以①轴与Ⓐ轴为定位点进行定位，如图 2-67 所示。

表 2-1

分配楼层	图纸名称
基础层	接地平面图
首层	一层电力干线平面图
	一层照明平面图
	一层插座平面图
	一层应急照明平面图
	AT1 电力配电柜
	1AL1 配电箱系统图
	1AL2 配电箱系统图
	1KSQ1 配电箱系统图
	图例符号表
二层	二层照明平面图
	二层插座平面图
	二层应急照明平面图
	2AL1 配电箱系统图
	2AL2 配电箱系统图
	2KSQ1 配电箱系统图
屋面层	屋面防雷平面图

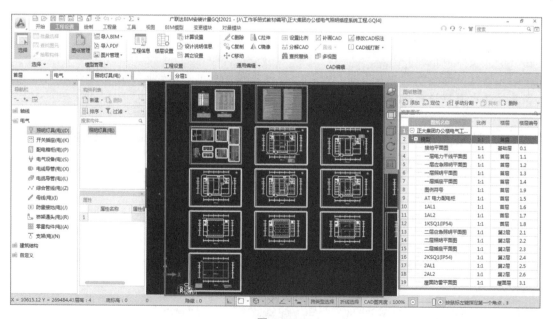

图 2-67

(28)完成后，就可以通过楼层切换来查看不同楼层的图纸，如切换至"首层"，则只会看到首层的所有图纸，而不会看到二层、屋面层的图纸，如图 2-68 所示。切换至"第 2 层""屋面层"达到的效果是相同的，如图 2-69 所示，这样分割定位图纸的目的就达到了。

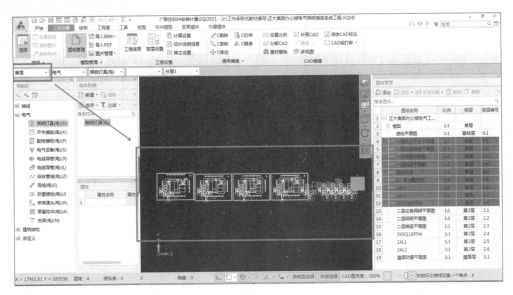

图 2-68

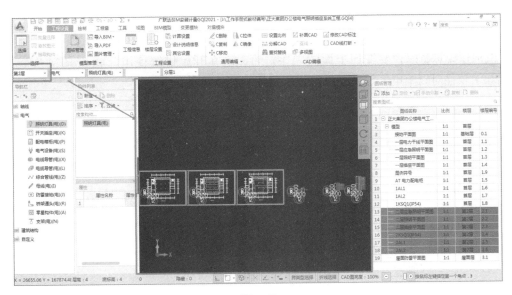

图 2-69

💡 内容拓展

　　对建筑电气工程图纸进行分割定位后，就不是所有图纸都显示在一个绘画区域里，而是各层图纸显示在所在层，避免了绘图区域里图纸过多、操作麻烦的情况，而且还能使 BIM 模型在竖向空间上显示楼层连接关系，达到了分割定位的目的。

项目 3
室内建筑照明、插座系统建模算量

在室内建筑照明、插座工程建模算量准备工作完成后，就可以开始使用广联达 BIM 安装计量 GQI2021 软件进行建模算量。使用软件建模算量与使用图纸手工算量需要列项计算的分部分项工程量是一样的，主要计算以下分部分项工程量：

(1)各种照明灯具；

(2)各种开关；

(3)各种插座；

(4)各种配电箱柜；

(5)电力电缆及保护管工程量；

(6)绝缘电线及保护管工程量；

(7)灯位盒、开关盒、插座盒。

识别建模算量时，要按照上面的顺序进行。现在开始讲解使用广联达 BIM 安装计量 GQI2021 软件对以上电气设备及电线导管等识别建模算量。

3.1 识别图例表

任务目标

1. 知识目标

(1)掌握材料表的识别；

(2)掌握电气灯具、开关、插座等电气设备的属性修改。

2. 能力目标

能够使用广联达 BIM 安装计量 GQI2021 软件中的"材料表"命令，利用导入的图纸图例进行照明灯具、开关、插座等电气设备的属性定义。

3. 素养目标

(1)培养学生吃苦耐劳、较强的责任心，团队合作的意识，以及发现问题、解决问题的能力；

(2)培养学生建立职业责任感、工匠精神、劳动精神和劳模精神；

(3)要求学生严格按照图纸、规范要求进行工程量的计算，不可偷工减料、降低标准，培养学生正确的工程质量意识。

任务描述

使用广联达 BIM 安装计量 GQI2021 软件进行室内建筑电气照明、插座系统工程量识别建模计算时，先进行照明灯具、开关、插座的识别绘制。使用软件在识别绘制之前，要先新建照明灯具、开关、插座的定义，在新建定义的同时根据图纸的图例符号表和设计说明对照明灯具、开关、插座的属性值（名称、类型、规则型号、标高等）进行修改，然后在绘图区域进行识别。

任务分析

本工程照明灯具、开关、插座的信息如图 3-1 所示。

序号	符号	名称	型号及规格	设备安装	备注
1	⑤	喷灯	1×20W	顶顶安装	高效节能型光源
2	●	防水圆球吸顶灯	1×20W	顶顶安装	高效节能型光源
3	⊏─⊐	双管荧光灯	2×36W	吸顶安装	配用电子镇流器
4	▣	应急照明灯(市电失电或故障时自动应电)	2×20W	墙上安装 底边距地2.5米 强电室用	自带应急电池 t>180min
5	▣	应急照明灯(市电失电或故障时自动应电)	2×20W	墙上安装 底边距地2.5米	自带应急电池 t>30min
6	⊏▣⊐	安全出口标志灯(市电失电或故障时自动应电)	1×8W	墙上安装 门口上加0.2米	自带应急电池 t>30min
7	•▷	疏散指示标志灯(市电失电或故障时自动应电)	1×8W	墙上安装 底边距地0.5米	自带应急电池 t>30min
8	⊏▷⊐	疏散指示标志灯(市电失电或故障时自动应电)	1×8W	墙上安装 底边距地0.5米	自带应急电池 t>30min
9	✦✦✦✦	单、四联跷板开关	250V、10A	墙上暗装 底边距地1.4米	
10	⊙⁶	双联拉把开关	250V、10A	墙上暗装 底边距地1.0米	无障碍卫生间用
11	⊥	单相二、三孔安全插座	250V、10A	墙上暗装 底边距地0.3米	
12	⊥	IP54型单相二、三孔安全插座	250V、10A 防溅型	墙上暗装 底边距地1.3米	洗衣机用
13	⊥	三孔安全插座	250V、16A	墙上暗装 底边距地2.0米	壁挂式空调用
14	⊥	单相三孔安全插座	250V、16A	墙上暗装 底边距地0.5米	柜式空调用
15	⊖	排风扇		见暖通图	
16	▣	紧明呼叫按钮(防水型)	自选	墙上明装 底边距地0.5米	
17	▣	无障碍卫生间呼叫报警器	自选	墙上明装 门口上0.2米	

图 3-1

对种类繁多的照明灯具、开关、插座等设备逐个新建定义修改属性值，操作起来费时费力。为解决这个问题，广联达 BIM 安装计量 GQI2021 软件里的"绘制"选项卡中的"识别"功能包内设有一个"材料表"命令，使用这个命令可以通过识读电气施工图纸里的材料表，快速新建照明灯具、开关、插座等设备的定义，并进行属性值的修改。

任务实施

【操作思路】

识别材料表的操作思路如图 3-2 所示。

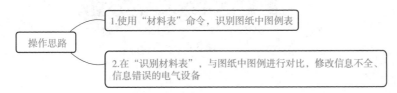

图 3-2

【操作流程】

（1）在首层使用"材料表"命令，对图例进行识别，切换至首层，选择"照明灯具"选项，可以看到在照明灯具构件列表里一个照明灯具设备都没有，如图 3-3 所示。

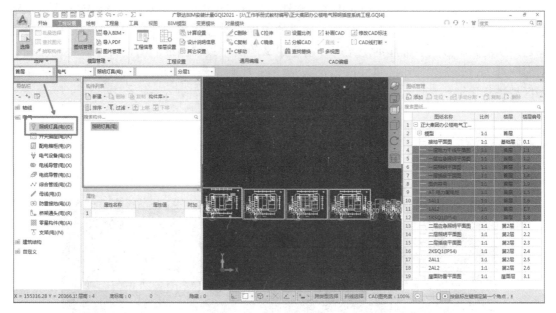

图 3-3

（2）同样选择"开关插座"选项，可以看到在开关插座构件列表里一个开关插座设备都没有，如图 3-4 所示。

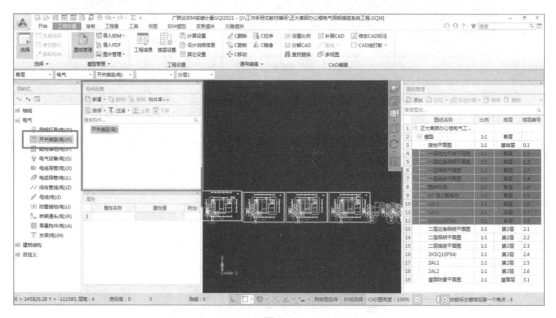

图 3-4

（3）同样选择"开关插座"选项，可以看到在开关插座构件列表里一个开关插座设备都没有，如图3-5所示。

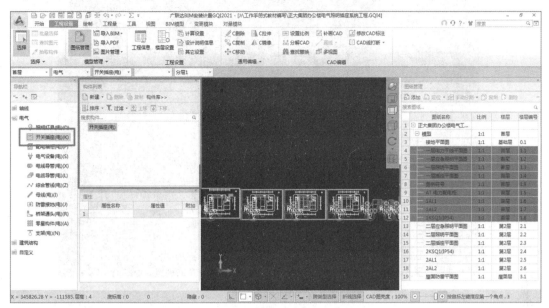

图3-5

（4）现在开始识读图纸中的图例符号表，单击"绘制"选项卡"识别"功能包中的"材料表"按钮，如图3-6所示。

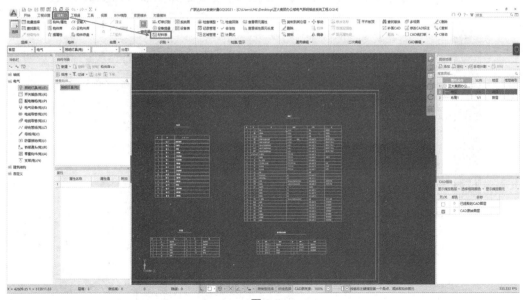

图3-6

（5）激活"材料表"命令后，在绘图区域通过控制鼠标滚轮，找到已经分割并分配至首层的图例符号表。在图例符号表中，照明灯具、开关、插座是序号1至序号17，所以，将序号1至序号17的图例符号表部分用鼠标拉框选择，拉框选择后，颜色会发生变化，如图3-7所示，拉框选择后单击鼠标右键进行确认。

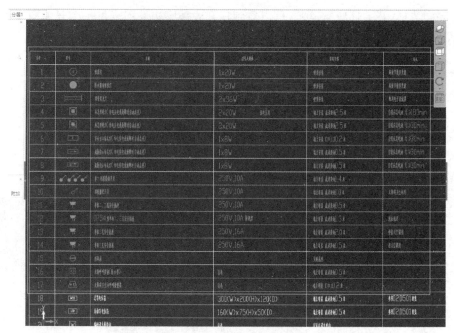

图 3-7

（6）确认后会弹出"识别材料表-请选择对应列"对话框。在"识别材料表-请选择对应列"对话框中完成照明灯具、开关、插座等电气设备的属性定义，如图 3-8 所示。

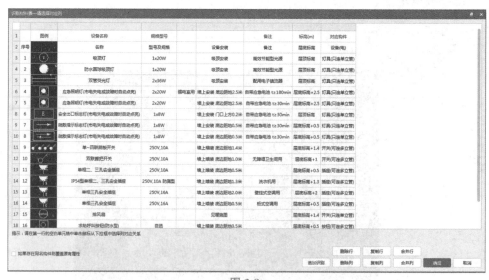

图 3-8

💡 内容拓展

使用"材料表"识别图例后，在"识别材料表-请选择对应列"对话框中经常会有无用的信息、内容不全、不符合电气设备属性的信息需要修改。

"识别材料表-请选择对应列"对话框中主要包括图例、设备名称、规格型号、标高、对应构件、备注等信息。这些信息的正确与否关系到所生成的照明灯具、开关、插座等设备的属性值，在修改"识别材料表-请选择对应列"对话框中的设备信息时，一定要与原图纸中的图例符号表进行核对，最重要的信息是图例、设备名称、标高、对应构件，这些不允许有任何错误，如果有错误不仅会影响设备本身工程量，还会导致电气管线工程量错误。

(7) 在"识别材料表-请选择对应列"对话框中，最左面的一列是图例中的序号列，是无用信息，需要删除，选中该列，单击"删除列"按钮，在弹出的"确认"对话框中单击"是"按钮即可删除，如图 3-9 所示。

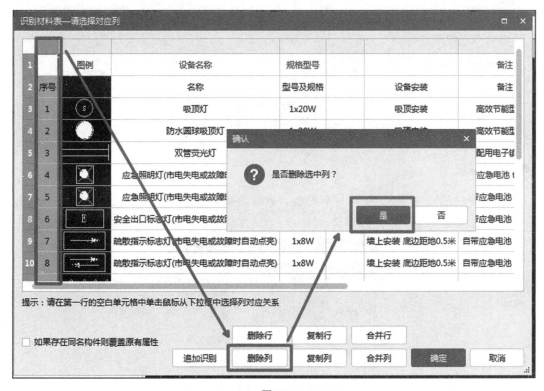

图 3-9

💡 内容拓展

在"识别材料表-请选择对应列"对话框中，可以删除列，也可以进行删除行、复制行、复制列、合并行、合并列等操作，还可以追加识别图例符号表，但这些操作都要根据工程实际情况进行修改。

(8) 在"识别材料表-请选择对应列"对话框中，有两列没有表头属性值，需要进行修改，如图 3-10 所示。

图例	设备名称	规格型号	▾		备注	标高(m)	对应构件
	名称	型号及规格		设备安装	备注	层底标高	设备(电)
(S)	吸顶灯	1x20W		吸顶安装	高效节能型光源	层顶标高	灯具(只连单立管)
◯	防水圆球吸顶灯	1x20W		吸顶安装	高效节能型光源	层顶标高	灯具(只连单立管)
▭	双管荧光灯	2x36W		吸顶安装	配用电子镇流器	层顶标高	灯具(只连单管)
	应急照明灯(市电失电或故障时自动点亮)	2x20W	强电室用	墙上安装 底边距地2.5米	自带应急电池 t≥180min	层顶标高+2.5	灯具(只连单立管)
	应急照明灯(市电失电或故障时自动点亮)	2x20W		墙上安装 底边距地2.5米	自带应急电池 t≥30min	层顶标高+2.5	灯具(只连单立管)
	安全出口标志灯(市电失电或故障时自动点亮)	1x8W		墙上安装 门口上方0.2米	自带应急电池 t≥30min	层顶标高	灯具(只连单立管)
	疏散指示标志灯(市电失电或故障时自动点亮)	1x8W		墙上安装 底边距地0.5米	自带应急电池 t≥30min	层顶标高+0.5	灯具(只连单立管)
	疏散指示标志灯(市电失电或故障时自动点亮)	1x8W		墙上安装 底边距地0.5米	自带应急电池 t≥30min	层顶标高+0.5	灯具(只连单立管)
	单~四联翘板开关	250V,10A		墙上暗装 底边距地1.4米		层底标高+1.4	开关(可连单立管)
	双联搬把开关	250V,10A		墙上暗装 底边距地1.0米	无障碍卫生间用	层底标高+1	开关(可连单立管)
	单相二、三孔安全插座	250V,10A		墙上暗装 底边距地0.5米		层底标高+0.5	插座(可连多立管)
	IP54型单相二、三孔安全插座	250V,10A 防溅型		墙上暗装 底边距地1.3米	洗衣机用	层底标高+1.3	插座(可连多立管)

提示：请在第一行的空白单元格中单击鼠标从下拉框中选择列对应关系

□ 如果存在同名构件则覆盖原有属性

删除行　复制行　合并行

追加识别　删除列　复制列　合并列　确定　取消

图 3-10

💡 内容拓展

如果表头属性值为空，必须进行修改，鼠标左键单击空白表头后，在出现的下拉菜单中选择正确的属性值，如图 3-11 所示。

图 3-11

或者将该列与其他列合并或删除该列，但以上操作都要结合行、列对应信息及工程图例符号表进行操作。

（9）根据该列信息及图纸图例符号表，第 4 列应该属于"规格型号"，将其与前一列进行合并。第 5 列可以设定为备注，将其与最一列的备注合并，如图 3-12 所示。

（10）鼠标左键单击第 4 列，然后执行"合并列"命令，在弹出的"确认"对话框中单击"是"按钮，即完成了合并，如图 3-13、图 3-14 所示。

图 3-12

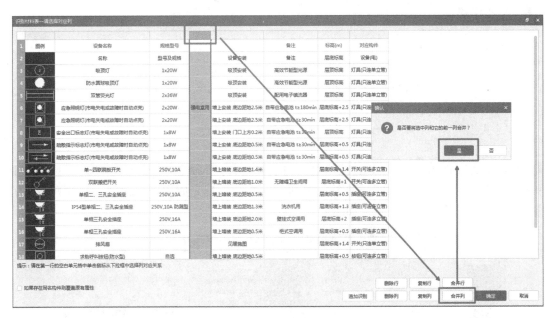

图 3-13

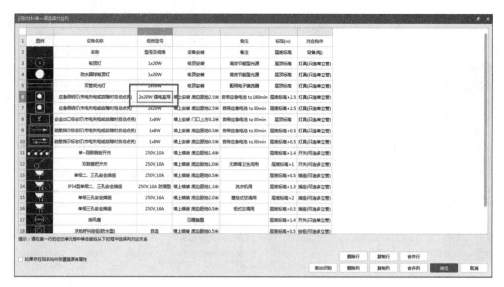

图 3-14

💡 内容拓展

如果要对两列进行合并，在操作时有两种正确方法：

(1)先选中后一列，执行"合并列"命令，后一列与前一列合并；

(2)选中要合并的两列，执行"合并列"命令，后一列与前一列合并。

操作时需要注意，"合并列"命令是选中的列与其前一列进行合并。

"合并行"操作方法与"合并列"相同，是与前一行进行合并。

(11)鼠标左键单击第 5 列"备注"，然后执行"合并列"命令，在弹出的"确认"对话框中单击"是"按钮，即完成了合并，如图 3-15 所示。在合并列完成后，合并到一起的列表头信息没有了，需要增加表头信息，如图 3-16 所示。

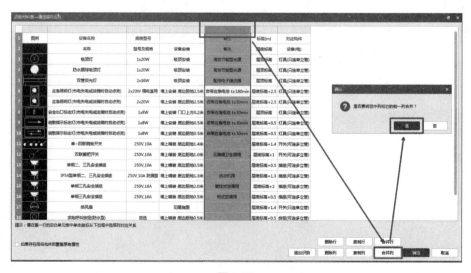

图 3-15

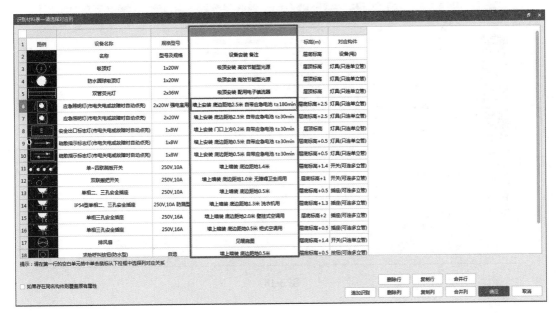

图 3-16

(12)鼠标左键点选空白表头处会出现一个下拉菜单，在下拉菜单中选择"备注"即可完成表头的添加，如图 3-17 所示。

	图例	设备名称	规格型号	备注 ▲	标高(m)	对应构件
1				设备名称		
2		名称	型号及规格	类型	层底标高	设备(电)
3		吸顶灯	1x20W	规格型号	层顶标高	灯具(只连单立管)
4		防水圆球吸顶灯	1x20W	备注	层顶标高	灯具(只连单立管)
5		双管荧光灯	2x36W	吸顶安装 配用电子镇流器	层顶标高	灯具(只连单立管)
6		应急照明灯(市电失电或故障时自动点亮)	2x20W 强电室用	墙上安装 底边距地2.5米 自带应急电池 t≥180min	层底标高+2.5	灯具(只连单立管)
7		应急照明灯(市电失电或故障时自动点亮)	2x20W	墙上安装 底边距地2.5米 自带应急电池 t≥30min	层底标高+2.5	灯具(只连单立管)
8		安全出口标志灯(市电失电或故障时自动点亮)	1x8W	墙上安装 门口上方0.2米 自带应急电池 t≥30min	层顶标高	灯具(只连单立管)
9		疏散指示标志灯(市电失电或故障时自动点亮)	1x8W	墙上安装 底边距地0.5米 自带应急电池 t≥30min	层底标高+0.5	灯具(只连单立管)
10		疏散指示标志灯(市电失电或故障时自动点亮)	1x8W	墙上安装 底边距地0.5米 自带应急电池 t≥30min	层底标高+0.5	灯具(只连单立管)

图 3-17

(13)在"识别材料表-请选择对应列"对话框中，有不符合电气设备属性的信息需要修改：第 11 行的开关信息有误，因图纸图例将单联、双联、三联、四联开关信息填写进一行，所以导致材料表识别图例时也在一行，这样不利于开关的识别，需要将单联、双联、三联、四联开关各分一行，设置为各自对应的图例，如图 3-18 所示。

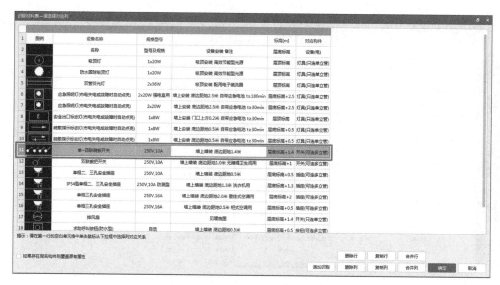

图 3-18

💡 内容拓展

　　单联、双联、三联、四联开关是四个电气设备，它们有不同的图例符号，工程量是各自单独计量，不能混在一起，在"识别材料表-请选择对应列"对话框中，单联、双联、三联、四联开关这种情况如果不进行修改，会导致它们的工程量错误，所以，必须将这四种开关拆开，分成四个设备。

　　(14)鼠标左键单击序号 11，选中该行，然后执行"复制行"命令，在弹出的"确认"对话框中单击"是"按钮确认，如图 3-19 所示。重复三次这样的操作，共出现四行一样的开关行，如图 3-20 所示。

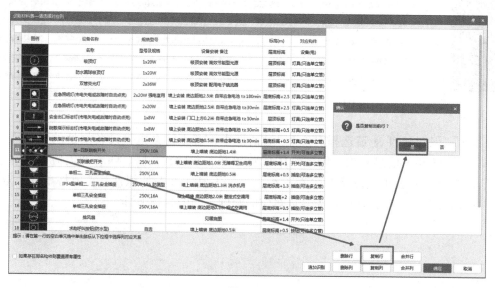

图 3-19

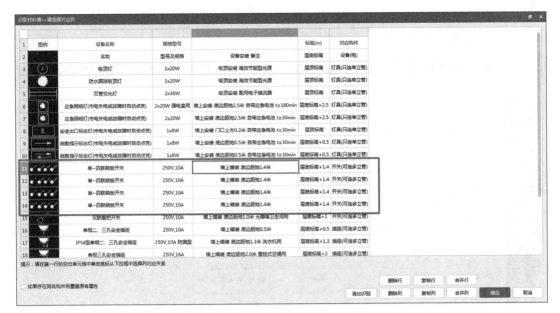

图 3-20

💡 **内容拓展**

使用"复制行"命令可以再生成三个一样的行，这样就一共有四个开关行，再对这四个开关行的相关属性值根据图例符号表进行修改，这种方法是最方便、快捷的方法。

(15)这 4 行开关的属性值中，图例和设备名称都一样，需要进行修改。将第 1 个开关行定义为单联开关的图例和设备名称，第 2 个开关行定义为双联开关的图例和设备名称，第 3 个开关行定义为三联开关的图例和设备名称，第 4 个开关行定义为四联开关的图例和设备名称，如图 3-21 所示。

11		单~四联跷板开关	250V,10A	墙上暗装 底边距地1.4米	层底标高+1.4	开关(可连多立管)
12		单~四联跷板开关	250V,10A	墙上暗装 底边距地1.4米	层底标高+1.4	开关(可连多立管)
13		单~四联跷板开关	250V,10A	墙上暗装 底边距地1.4米	层底标高+1.4	开关(可连多立管)
14		单~四联跷板开关	250V,10A	墙上暗装 底边距地1.4米	层底标高+1.4	开关(可连多立管)

图 3-21

💡 **内容拓展**

在"识别材料表-请选择对应列"对话框中，如果出现多行设备的名称和图例相同，则必须对其进行修改。因为在软件中都是根据设备图来识别设备，如果不修改，相当于两种设备图例一样，识别时就会出现工程量计算错误。

（16）鼠标左键单击第1个开关行，如图3-22所示，将第一个开关的设备名称改为"单联跷板开关"，如图3-23所示。

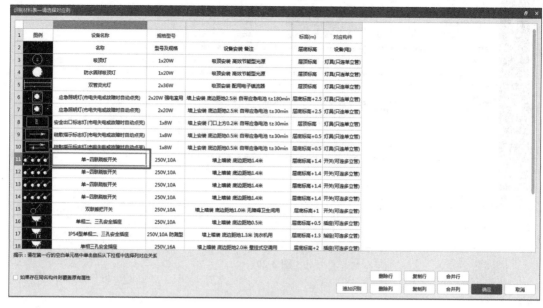

图 3-22

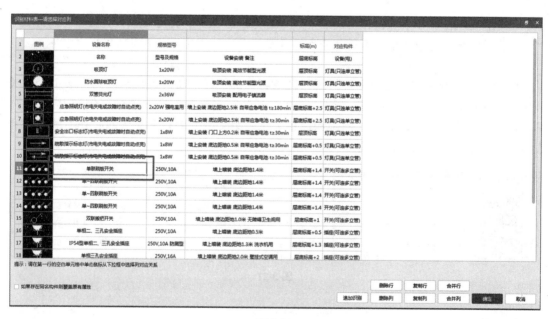

图 3-23

（17）修改"单联跷板开关"对应的图例，鼠标左键单击"单联跷板开关"前面的图例，会出现一个三点的"浏览"按钮，单击"浏览"按钮，到图纸区域点选"单联跷板开关"的图例，单击鼠标右键进行确认。即"单联跷板开关"图例修改完成，如图3-24～图3-26所示。

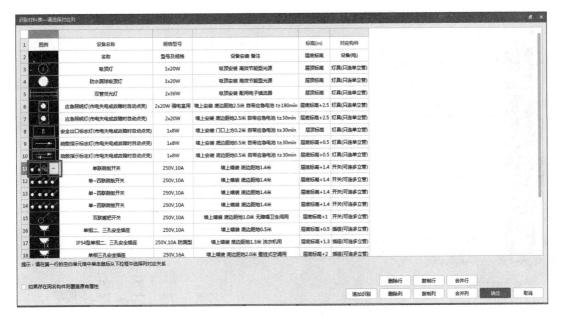

图 3-24

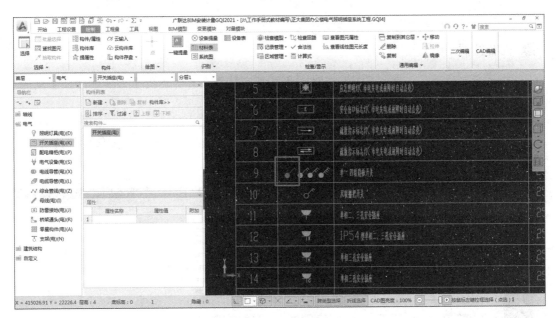

图 3-25

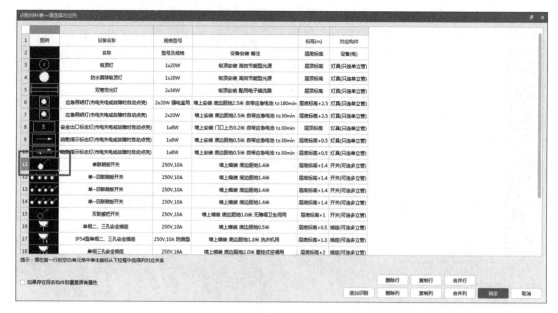

图 3-26

💡 **内容拓展**

修改完名称后，一定不要忘记修改图例，只有设备名称和图例全部修改后，生成的设备才不会出现错误。

（18）"双联跷板开关""三联跷板开关""四联跷板开关"的设备名称和图例的修改方法与"单联跷板开关"相同，重复上述步骤即可，如图 3-27 所示。

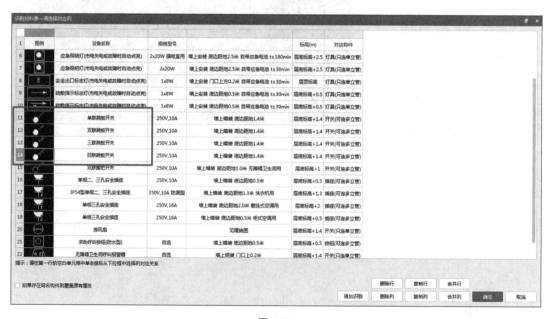

图 3-27

需要注意，在修改时，由于操作时的疏忽，容易出现设备名称与图例不对应。例如，"双联跷板开关"的名称对应的图例是"三联跷板开关"，这种错误情况出现后，不仅是设备属性错误，在识别设备时工程量也会出现错误。

（19）在"识别材料表"对话框中的第6行和第7行，出现了两个同样设备名称和图例的设备，都是应急照明灯，需要删除一个，如图3-28所示。

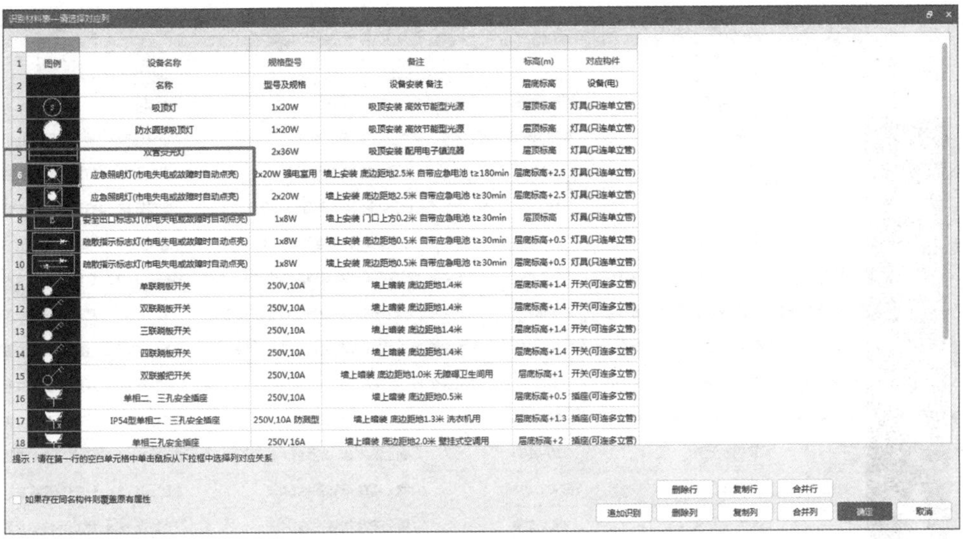

图 3-28

（20）鼠标左键单击序号6，选中该行，然后单击"删除行"按钮，在弹出的"确认"对话框中单击"是"按钮，如图3-29所示。

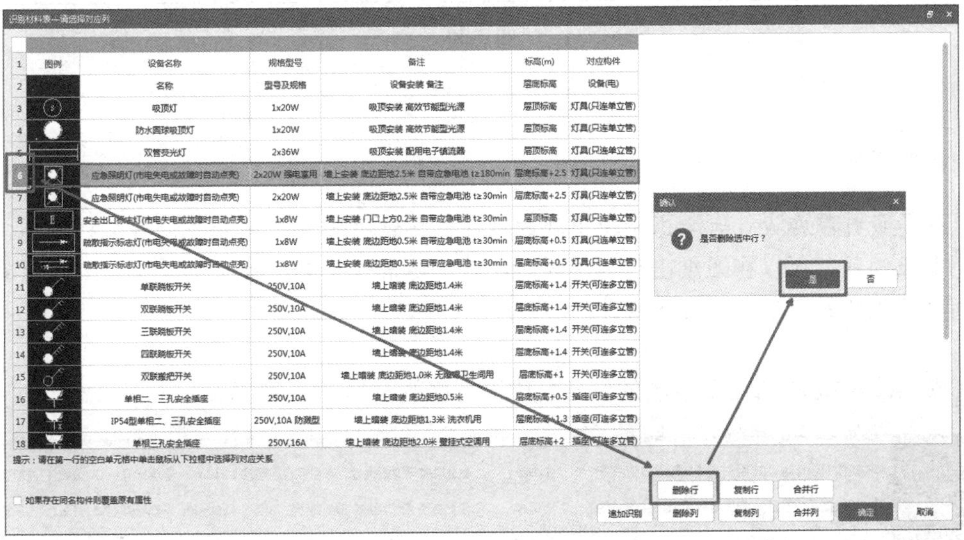

图 3-29

　　(21)在"识别材料表-请选择对应列"对话框中的第8行和第9行，出现了两个同样设备名称，但图例不一样的设备，图例 ▣━➤ 是单向疏散指示标志灯，图例 ◀━➤ 是双向疏散指示标志灯，图例没有错误，需要对这两个设备名称进行修改，如图3-30所示。

	图例	设备名称	规格型号	备注	标高(m)	对应构件
1						
2		名称	型号及规格	设备安装 备注	层底标高	设备(电)
3		吸顶灯	1×20W	吸顶安装 高效节能型光源	层顶标高	灯具(只连单立管)
4		防水圆球吸顶灯	1×20W	吸顶安装 高效节能型光源	层顶标高	灯具(只连单立管)
5		双管荧光灯	2×36W	吸顶安装 配用电子镇流器	层顶标高	灯具(只连单立管)
6		应急照明灯(市电失电或故障时自动点亮)	2×20W	墙上安装 底边距地2.5米 自带应急电池 t≥30min	层底标高+2.5	灯具(只连单立管)
7		安全出口标志灯(市电失电或故障时自动点亮)	1×8W	墙上安装 门口上方0.2米 自带应急电池 t≥30min	层顶标高	灯具(只连单立管)
8		疏散指示标志灯(市电失电或故障时自动点亮)	1×8W	墙上安装 底边距地0.5米 自带应急电池 t≥30min	层底标高+0.5	灯具(只连单立管)
9		疏散指示标志灯(市电失电或故障时自动点亮)	1×8W	墙上安装 底边距地0.5米 自带应急电池 t≥30min	层底标高+0.5	灯具(只连单立管)
10		单联跷板开关	250V,10A	墙上暗装 底边距地1.4米	层底标高+1.4	开关(可连多立管)
11		双联跷板开关	250V,10A	墙上暗装 底边距地1.4米	层底标高+1.4	开关(可连多立管)
12		三联跷板开关	250V,10A	墙上暗装 底边距地1.4米	层底标高+1.4	开关(可连多立管)
13		四联跷板开关	250V,10A	墙上暗装 底边距地1.4米	层底标高+1.4	开关(可连多立管)
14		双联拉把开关	250V,10A	墙上暗装 底边距地1.0米 无障碍卫生间用	层底标高+1	开关(可连多立管)
15		单相二、三孔安全插座	250V,10A	墙上暗装 底边距地0.5米	层底标高+0.5	插座(可连多立管)
16		IP54型单相二、三孔安全插座	250V,10A 防溅型	墙上暗装 底边距地1.3米 洗衣机用	层底标高+1.3	插座(可连多立管)
17		单相三孔安全插座	250V,16A	墙上暗装 底边距地2.0米 壁挂式空调用	层底标高+2	插座(可连多立管)
18		单相三孔安全插座	250V,16A	墙上暗装 底边距地0.5米 柜式空调用	层底标高+0.5	插座(可连多立管)

图3-30

　　(22)鼠标左键单击需要修改的设备名称进行修改，如图3-31所示。

8		单向疏散指示标志灯(市电失电或故障时自动点亮)	1×8W	墙上安装 底边距地0.5米 自带应急电池 t≥30min	层底标高+0.5	灯具(只连单立管)
9		双向疏散指示标志灯(市电失电或故障时自动点亮)	1×8W	墙上安装 底边距地0.5米 自带应急电池 t≥30min	层底标高+0.5	灯具(只连单立管)
10		单联跷板开关	250V,10A	墙上暗装 底边距地1.4米	层底标高+1.4	开关(可连多立管)

图3-31

(23)第 7 行的"安全出口标志灯"和第 21 行的"无障碍卫生间呼叫报警器"的标高有误，应该是门洞口上方 0.2 m，但软件设定为"层顶标高"，需要进行修改。查询建筑施工图可知本工程门高为 2 100 mm，则安全出口标志灯的安装高度为 2.1＋0.2＝2.3(m)，即层底标高＋2.3 m，如图 3-32 所示。

图 3-32

(24)鼠标左键单击"安全出口标志灯"对应的标高"层顶标高"，弹出下拉菜单后，鼠标左键点选"层底标高"，如图 3-33 所示。

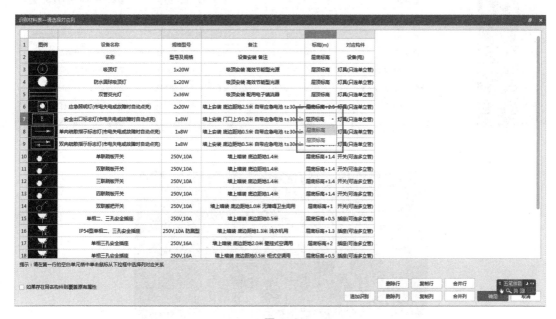

图 3-33

(25)在"层底标高"后面输入"＋2.3"，完成修改，如图 3-34 所示。"无障碍卫生间呼叫报警器"与"安全出口标志灯"的修改方法相同。

(26)查询建筑施工图可知，本工程走廊、卫生间为吊式顶棚，走廊顶棚面板距地 2 700 mm，卫生间顶棚面板距地 2 500 mm，而走廊的吸顶灯、卫生间的防水圆球吸顶灯、排风扇应该安装在吊顶面板上，所以，走廊的吸顶灯的标高(安装高度)为距地 2.7 m(层底标高＋2.7 m)，卫生间的防水圆球吸顶灯、排风扇的标高(安装高度)为距地 2.5 m(层底标高＋2.5 m)，而不是吸顶安装，如图 3-35、图 3-36 所示。

识别材料表---请选择对应列

	图例	设备名称	规格型号	备注	标高(m)	对应构件
1		设备名称	规格型号	备注	标高(m)	对应构件
2		名称	型号及规格	设备安装 备注	层底标高	设备(电)
3	(s)	吸顶灯	1×20W	吸顶安装 高效节能型光源	层顶标高	灯具(只连单立管)
4		防水圆球吸顶灯	1×20W	吸顶安装 高效节能型光源	层顶标高	灯具(只连单立管)
5		双管荧光灯	2×36W	吸顶安装 配用电子镇流器	层顶标高	灯具(只连单立管)
6		应急照明灯(市电失电或故障时自动点亮)	2×20W	墙上安装 底边距地2.5米 自带应急电池 t≥30min	层底标高+2.5	灯具(只连单立管)
7	E	安全出口标志灯(市电失电或故障时自动点亮)	1×8W	墙上安装 门口上方0.2米 自带应急电池 t≥30min	层底标高+2.3	灯具(只连单立管)
8		单向疏散指示标志灯(市电失电或故障时自动点亮)	1×8W	墙上安装 底边距地0.5米 自带应急电池 t≥30min	层底标高+0.5	灯具(只连单立管)
9		双向疏散指示标志灯(市电失电或故障时自动点亮)	1×8W	墙上安装 底边距地0.5米 自带应急电池 t≥30min	层底标高+0.5	灯具(只连单立管)
10		单联跷板开关	250V,10A	墙上暗装 底边距地1.4米	层底标高+1.4	开关(可连多立管)
11		双联跷板开关	250V,10A	墙上暗装 底边距地1.4米	层底标高+1.4	开关(可连多立管)
12		三联跷板开关	250V,10A	墙上暗装 底边距地1.4米	层底标高+1.4	开关(可连多立管)
13		四联跷板开关	250V,10A	墙上暗装 底边距地1.4米	层底标高+1.4	开关(可连多立管)
14		双联搬把开关	250V,10A	墙上暗装 底边距地1.0米 无障碍卫生间用	层底标高+1	开关(可连多立管)
15		单相二、三孔安全插座	250V,10A	墙上暗装 底边距地0.5米	层底标高+0.5	插座(可连多立管)
16		IP54型单相二、三孔安全插座	250V,10A 防溅型	墙上暗装 底边距地1.3米 洗衣机用	层底标高+1.3	插座(可连多立管)
17		单相三孔安全插座	250V,16A	墙上暗装 底边距地2.0米 壁挂式空调用	层底标高+2	插座(可连多立管)
18		单相三孔安全插座	250V,16A	墙上暗装 底边距地0.5米 柜式空调用	层底标高+0.5	插座(可连多立管)

图 3-34

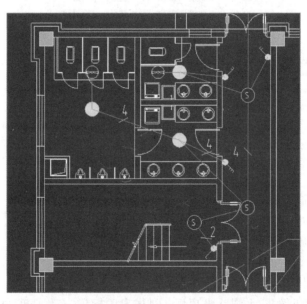

图 3-35

天棚 2	吊石膏板顶棚	适用部位
1. 轻钢龙骨吊石膏板 (前室、走廊、候梯厅距地2700,卫生间距地2500) 2. 钢筋混凝土楼板		走廊 前室 候梯厅 卫生间

图 3-36

电气设备的安装方式和安装高度，除要认真仔细地识读电气工程施工图外，还要结合建筑施工图、结构施工图，这样能才能对电气设备的安装方式和安装高度进行准确地判断，设定其属性值。

在本实例中，由于设计院不同设计专业的人员之间存在沟通问题，导致走廊的吸顶灯、卫生间的防水圆球吸顶灯、换气扇在图例符号表中的安装方式为吸顶安装，如果造价人员不考虑建筑施工图，则走廊的吸顶灯、卫生间的防水圆球吸顶灯、换气扇都会被设定为吸顶安装，对于灯具数量工程量没有影响，但对于垂直管线的工程量影响较大（少了一段垂直管线），导致电气管线工程量出现偏差。

(27)将走廊的吸顶灯的标高(安装高度)为距地 2.7 m(层底标高＋2.7 m)，卫生间的防水圆球吸顶灯、排风扇的标高(安装高度)为距地 2.5 m(层底标高＋2.5 m)，如图 3-37、图 3-38 所示。

| 3 | Ⓢ | 吸顶灯 | 1x20W | 吸顶安装 高效节能型光源 | 层底标高+2.7 | 灯具(只连单立管) |
| 4 | ◯ | 防水圆球吸顶灯 | 1x20W | 吸顶安装 高效节能型光源 | 层底标高+2.5 | 灯具(只连单立管) |

图 3-37

| 19 | ⊖ | 排风扇 | | 见暖施图 | 层底标高+2.5 | 开关(只连单立管) |

图 3-38

(28)"识别材料表-请选择对应列"对话框中序号 2 所在行为图纸中"图例符号表"的表头，为无用信息，选中该行将其删除，操作同前，如图 3-39 所示。

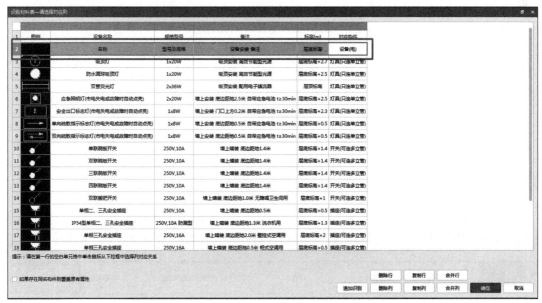

图 3-39

（29）"识别材料表-请选择对应列"对话框中排风扇的对应构件为开关是错误的，它在卫生间里面安装时与防水吸顶灯一样，所以，应该改为灯具（只连单立管），如图 3-40 所示。

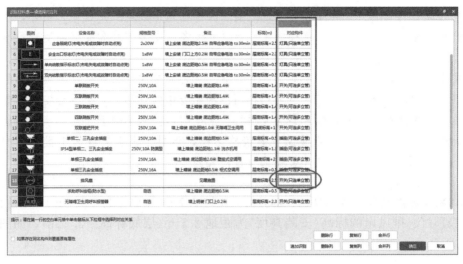

图 3-40

💡 内容拓展

只连单立管和可连多立管是建筑电气施工中的常用方法，只连单立管是指设备只连接一个立管，可连多立管是指设备可连接多个立管。

一般建筑电气施工中，灯具一般只连单立管，开关、插座等设备可连接多个立管。

（30）鼠标左键单击，执行"电气"→"照明灯具（电）"→"灯具（只连单立管）"命令，完成修改，如图 3-41、图 3-42 所示。

图 3-41

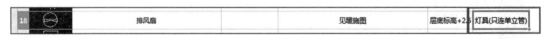

图 3-42

（31）在"识别材料表-请选择对应列"对话框中，"无障碍卫生间呼叫报警器"的对应构件是"开关（只连单立管）"，但实际上，开关应该设置为"可连多立管"，如图 3-43 所示。

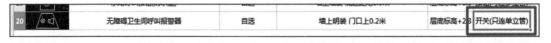

图 3-43

（32）鼠标左键单击，执行"电气"→"开关插座（电）"→"开关（可连多立管）"命令，完成修改，如图3-44所示。

图 3-44

（33）将"识别材料表-请选择对应列"对话框中所有设备的图例、设备名称、规格型号、备注、标高、对应构件等属性信息全部检查修改完成后，单击"确定"按钮，完成对图例符号表的识别，如图3-45所示。

图 3-45

（34）完成材料表识别后，会在相应的构件列表中反建构件，在导航栏的照明灯具和开关插座中，自动创建相应构件，构件属性信息也定义完成，这些都是通过材料表的识别完成的反建构件，如图3-46、图3-47所示。

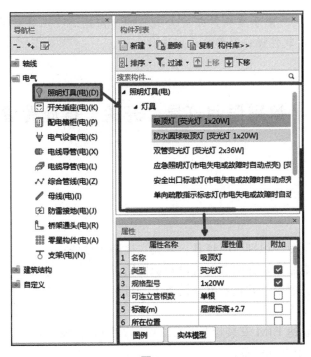

图 3-46

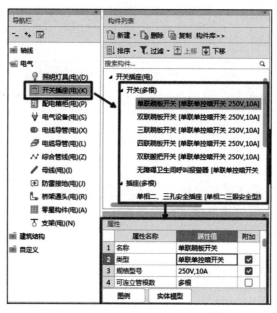

图 3-47

💡 **内容拓展**

采用识读材料表功能新建构件并定义属性的方法比逐个新建定义属性的方法速度快、效率高，因此，软件操作时经常采用这种方法。

3.2 识别照明灯具、开关、插座等设备

🎯 **任务目标**

1. 知识目标

(1)掌握设备提量命令识别照明灯具、开关、插座等设备；

(2)熟悉漏量检查命令，并检查电气设备识别错误；

(3)掌握汇总计算命令，并查看电气设备工程量。

2. 能力目标

(1)能够使用广联达 BIM 安装计量 GQI2021 软件利用"设备提量"功能识别照明灯具、开关、插座、其他小型电气设备；

(2)能够使用广联达 BIM 安装计量 GQI2021 软件进行漏量检查，查找遗漏识别的照明灯具、开关、插座等设备；

(3)能够使用广联达 BIM 安装计量 GQI2021 软件删除多识别的照明灯具、开关、插座等设备图元；

(4)能够使用广联达 BIM 安装计量 GQI2021 软件查看已经识别完成的照明灯具、开关、插座等设备工程量。

3. 素养目标

(1)拓宽学生知识面、增强其自学能力，养成严谨务实、终身学习的工作作风；

(2)促进学生思路开阔、敏捷，具有实事求是、改革创新的工作态度。

任务描述

使用广联达 BIM 安装计量 GQI2021 软件中的"材料表"命令完成对图例符号表的识别。室内电气照明插座系统中的各种照明灯具(吸顶灯、荧光灯、应急照明灯、安全出口标志灯、疏散指示标志灯)、开关(单、双、三、四联跷板开关、双联搬把开关)、插座(单相二、三孔安全插座、IP54 型单相二、三孔安全插座、单相三孔安全插座)和其他小设备(排风扇、呼叫按钮、卫生间呼叫报警器)都已经完成创建，属性值也完成修改，现在可以使用广联达 BIM 安装计量 GQI2021 软件中的"设备提量"命令完成对以上电气设备的识别，识别后不仅可以形成 BIM 模型，软件可以根据被识别成的模型完成计量工作。

任务分析

设备提量的方式主要有以下几种：

(1)"一键提量"：该命令适用点式构件，使用该命令能一次性完成所有有图例符号的电气设备(照明灯具、开关、插座等)的识别计算，而且图纸中相同图例大小不一的，也自动按照一个构件出量。使用"一键提量"时，不用先识别图例符号表，在识别提量过程中自动查找相关图例并关联设备名称、规格型号、标高等属性值(需要修改)。这种方法特点是算量效率高，但 CAD 图纸质量不高或图例符号不标准时会出现识别错误，还经常会有漏识别的现象。

(2)"设备提量"：该命令一样适用点式构件，使用该命令将 CAD 图上的设备图例、带有文字标识的设备图例转化为软件中的图元模型，从而计算此类设备数量。该命令不能一次完成多个楼层多种设备的提量，一次只能识别提量一个楼层一种设备，但可以针对一种设备完成该设备一个楼层的全部工程量，这种方法的特点是算量效率较高、准确率高。

(3)"点"：该命令是一种设备通过点绘方式逐个地点画绘制构件图元，该方法效率极低，但适用不能识别的个别零星点式构件。

识别提量时，"一键提量"和"设备提量"两种方法只能选择一种方法，如果有个别零星点式构件没有识别，采用"点"绘制。

实际使用软件进行电气设备的识别时，主要使用准确率高的"设备提量"命令完成照明灯具、开关、插座等设备的识别提量。包括如下工作任务：

(1)识别墙体，然后使用"设备提量"命令识别照明灯具、开关、插座等设备；

(2)对识别完成的照明灯具、开关、插座等设备图元进行检查，查看有无错误识别、遗漏识别；

(3)汇总计算，查看照明灯具、开关、插座等设备的工程量。

任务实施

3.2.1　使用"设备提量"命令识别照明灯具、开关、插座等设备

【操作思路】

使用"设备提量"命令识别照明灯具、开关、插座等设备的操作思路如图 3-48 所示。

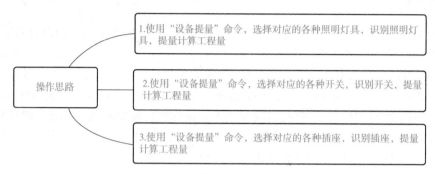

图 3-48

【操作流程】

(1)以首层为实例讲解操作流程，切换至首层。在开始使用"设备提量"命令识别照明灯具、开关、插座前，先要识别建筑的墙体，执行"建筑结构"→"墙"命令，如图 3-49 所示。

图 3-49

先识别墙的原因是有些电气设备是安装在墙内的，如开关、插座等，先识别墙，再识别这些安装在墙内的电气设备，计算电气管线工程量时，水平管就会计算至墙的中心线。如果不识别墙，则水平管就只会计算至墙的边线，电气管线工程量会少。所以，要先识别墙，再识别电气设备。识别墙与否对电气设备的工程量不会产生影响。

使用软件识别构件时，都要按照"新建"→"属性值修改"→"绘图区域识别"顺序进行。

(2)执行"新建"→"新建墙"命令，如图 3-50 所示。

(3)创建出名称为"Q-1"的墙，厚度为 200 mm，符合工程要求，属性值不需要进行修改。

新建墙体完成后，进行墙体的识别，如图 3-51 所示。

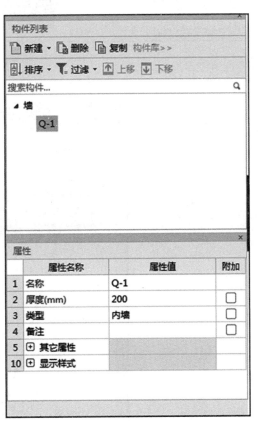

图 3-50   图 3-51

(4)鼠标左键单击"自动识别"按钮后，点选绘图区域中的任何一道墙的两条 CAD 图例线，单击鼠标右键进行确认，如图 3-52 所示。

(5)在弹出的"选择楼层"对话框中，点选"首层"，单击"确定"按钮，如图 3-53 所示。

(6)墙体识别完成，显示为灰色半透明状，如图 3-54 所示。使用三维动态视角通过控制鼠标可以看到墙体的立体模型，如图 3-55 所示。

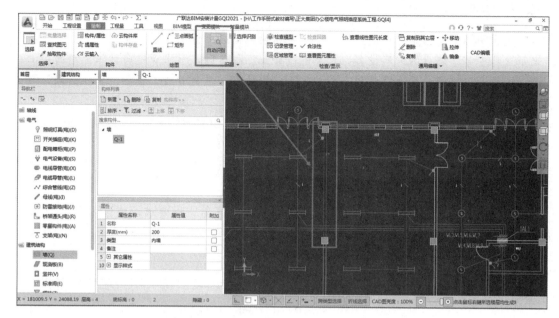

图 3-52

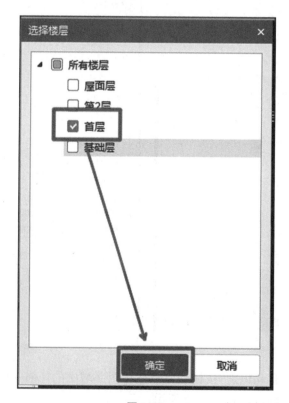

图 3-53

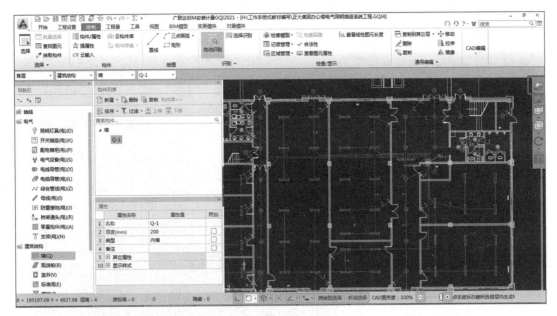

图 3-54

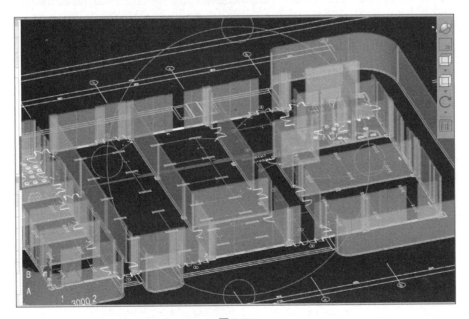

图 3-55

💡 内容拓展

使用 二维视角和 三维视角这两个命令，能够实现二维视角与三维视角之间的切换。

（7）墙体识别完成后，以双管荧光灯为实例讲解灯具照明的识别计量。在图纸区域使用鼠标滚轮查看首层照明平面图，如图 3-56 所示。

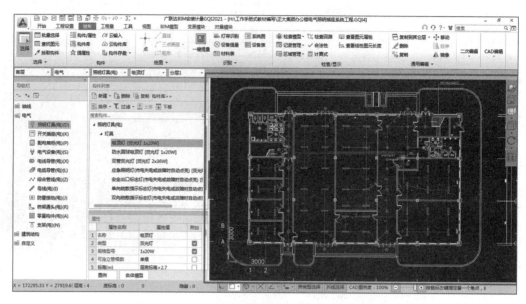

图 3-56

（8）由于要对双管荧光灯进行识别，所以在导航栏及构件列表中执行"照明灯具"→"灯具"→"双管荧光灯"命令，如图 3-57 所示。

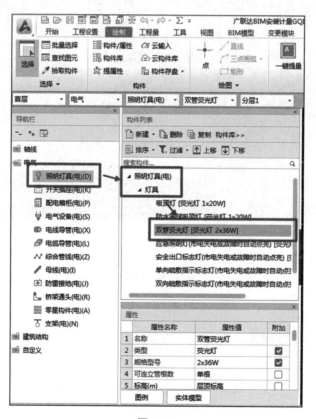

图 3-57

💡 **内容拓展**

在使用软件进行电气设备的识别前，一定要知道识别哪种电气设备，在导航栏和构件列表栏中点选此设备，例如，想识别吸顶灯，就先点选吸顶灯，再进行识别。否则，在操作时就会经常出现以下错误：想识别吸顶灯，结果点选为双管荧光灯进行识别，导致吸顶灯和双管荧光灯识别错误，工程量计算结果也是错误的。

(9)执行"设备提量"命令，如图3-58所示。

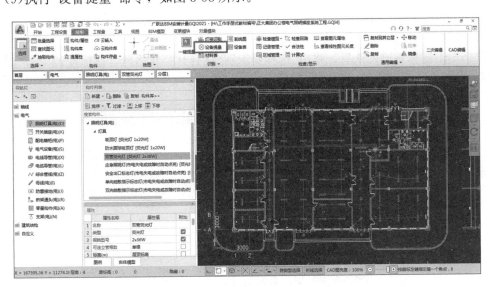

图 3-58

(10)在图纸区域的首层照明平面图中找到双管荧光灯的CAD图例，鼠标左键单击双管荧光灯的CAD图例(任何一个双管荧光灯的图例都可以)，图例变色证明已选中，单击鼠标右键进行确认，如图3-59所示。

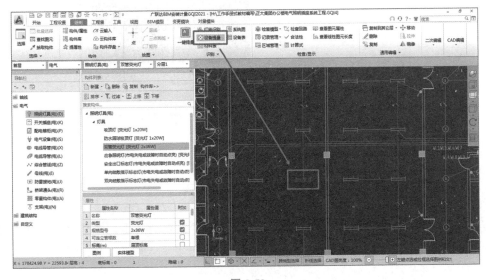

图 3-59

激活"设备提量"命令后，在选择设备 CAD 图纸时可以选择同一电气设备名称的任何一个 CAD 图例。但是不能点选其他电气设备的 CAD 图例，如要识别的电气设备是双管荧光灯，结果在点选电气设备 CAD 图例时选择吸顶灯的 CAD 图例，这种错误操作会导致双管荧光灯和吸顶灯两种设备识别混淆，工程量计算错误。

在绘图区域点选要识别的构件 CAD 图例时，该 CAD 图例一般为 CAD 块，即点选一下整个 CAD 块都被选中，如果构件 CAD 图例不是 CAD 块，则要点选多次，直到选中一个构件全部的 CAD 图例。

(11)单击鼠标右键确认后，弹出"选择要识别成的构件"对话框，鼠标左键单击"双管荧光灯"，并单击"确认"按钮，如图 3-60 所示。

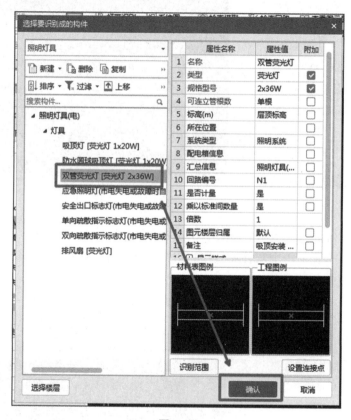

图 3-60

在弹出的"选择要识别成的构件"对话框中点选要识别的设备，不能选择别的设备，否则会与其他设备识别混淆，导致工程量计算错误。

在弹出的"选择要识别成的构件"对话框中还要检查"材料表图例"和"工程图例"是否一致，一致为点选正确，不一致则点选错误，需要重新选择，如图 3-61 所示。

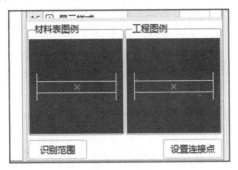

图 3-61

(12)确认后，会弹出"提示"对话框，告之识别的设备数量是多少，并单击"确定"按钮，如图 3-62 所示。识别完成后，图中所有单管荧光灯的图例的颜色都会发生变化，说明所有单管荧光灯都已经完成识别并计量，如图 3-63 所示。可以通过三维视图进行查看双管荧光灯的图元模型。

图 3-62

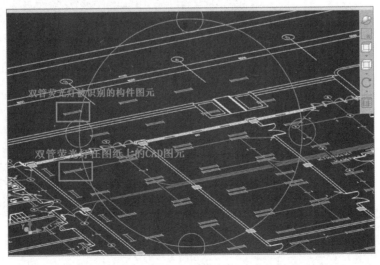

图 3-63

其他照明灯具的识别方法同双管荧光灯。

在室内建筑电气工程中，照明灯具的种类较多，识别时可能会出现遗漏，没有识别的现象，没有识别就没有工程量。

在识别时，根据构件列表中灯具的顺序识别就会避免没有识别的现象发生，如图 3-64 所示。

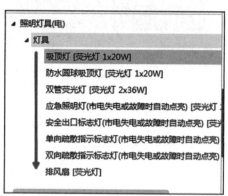

图 3-64

(13)以"单联跷板开关"为实例讲解开关的识别计量。在图纸区域使用鼠标滚轮查看首层照明平面图，如图 3-65 所示。

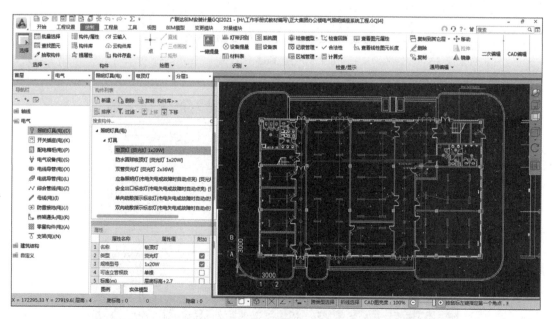

图 3-65

(14)由于要对"单联跷板开关"进行识别，所以，在导航栏及构件列表中执行"开关插座(电)"→"开关(多根)"→"单联跷板开关"命令，如图 3-66 所示。

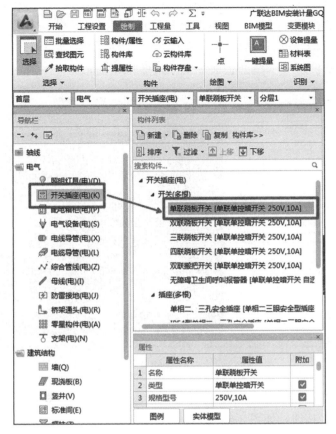

图 3-66

(15)执行"设备提量"命令,如图 3-67 所示。

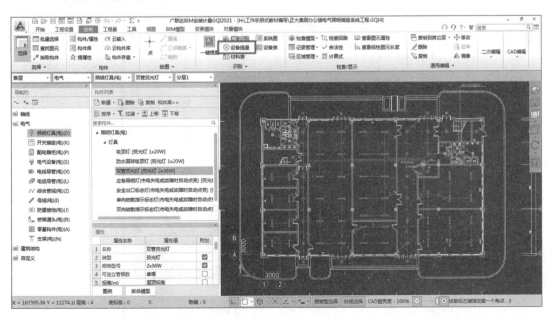

图 3-67

(16)在图纸区域的首层照明平面图中找到单联跷板开关的CAD图例，鼠标左键单击单联跷板开关的CAD图例（任何一个单联跷板开关的图例都可以），图例变色证明已选中，单击鼠标右键确认，如图3-68所示。

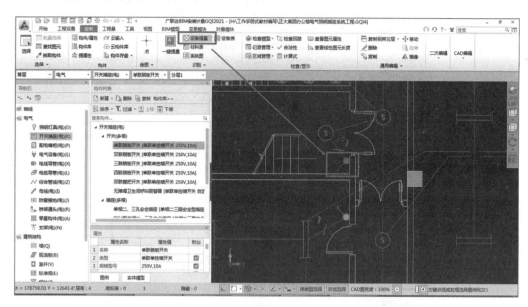

图 3-68

(17)单击鼠标右键确认后，弹出"选择要识别成的构件"对话框，选择"单联跷板开关"选项，并单击"确认"按钮，如图3-69所示。

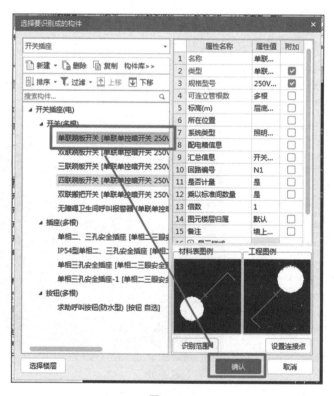

图 3-69

（18）确认后，会弹出"提示"对话框，告之识别的设备数量是多少，并单击"确定"按钮，如图 3-70 所示。

图 3-70

识别完成后，图中所有单联跷板开关的图例的颜色都会发生变化，说明所有单管荧光灯都已经完成识别并计量。可以通过三维视图进行查看单联跷板开关的图元模型，如图 3-71 所示。

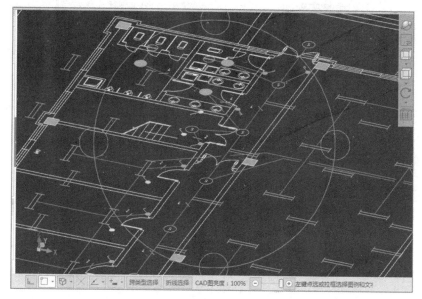

图 3-71

（19）以单相二、三孔安全插座为实例讲解插座的识别计量。在图纸区域使用鼠标滚轮查看首层插座平面图，如图 3-72 所示。

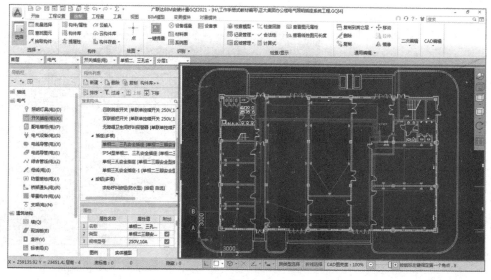

图 3-72

(20)由于要对单相二、三孔安全插座进行识别，所以，在导航栏及构件列表中执行"开关插座（电）"→"插座（多根）"→"单相二、三孔安全插座"命令，如图3-73所示。

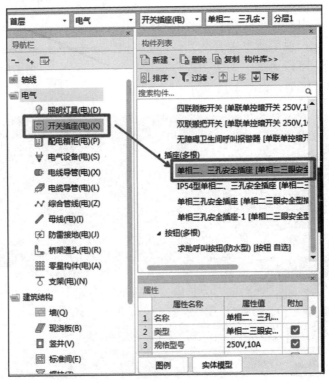

图 3-73

(21)执行"设备提量"命令，如图3-74所示。

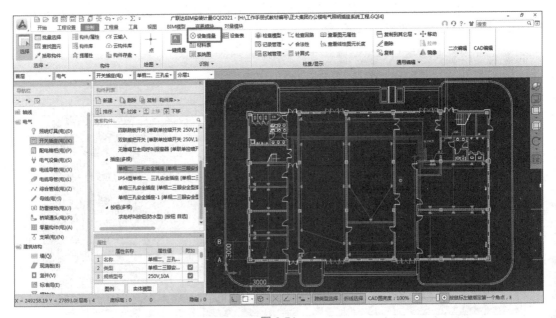

图 3-74

（22）在图纸区域的首层插座平面图中找到单相二、三孔安全插座的 CAD 图例，鼠标左键单击单相二、三孔安全插座的 CAD 图例（任何一个单相二、三孔安全插座的图例都可以），图例变色证明已选中，单击鼠标右键确认，如图 3-75 所示。

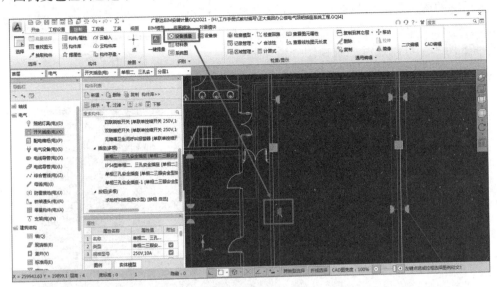

图 3-75

（23）单击鼠标右键确认后，弹出"选择要识别成的构件"对话框，选择"单相二、三孔安全插座"选项，并单击"确认"按钮，如图 3-76 所示。

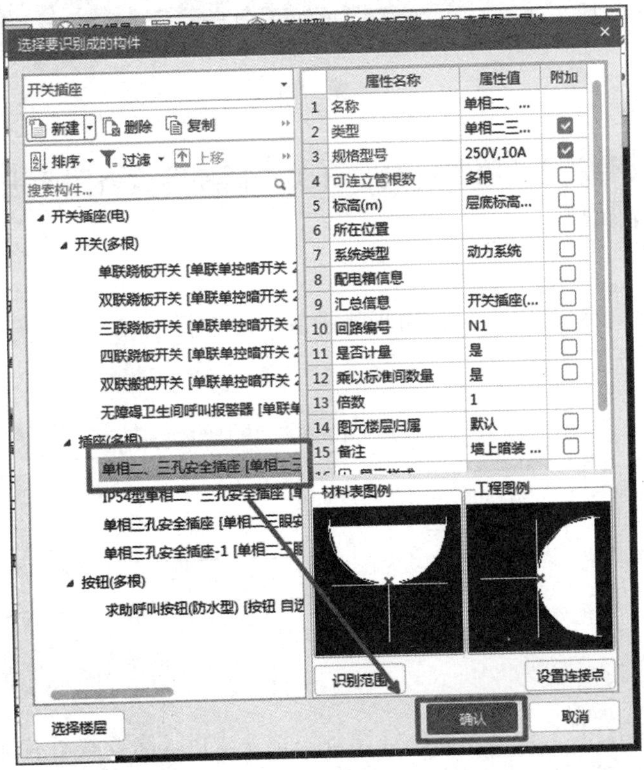

图 3-76

(24)确认后，会弹出"提示"对话框，告之识别的设备数量是多少，并单击"确定"按钮，如图 3-77 所示。识别完成后，图中所有单相二、三孔安全插座的图例的颜色都会有变化，说明所有单相二、三孔安全插座都已经完成识别并计量，如图 3-78 所示。可以通过三维视图查看单相二、三孔安全插座的图元模型。

图 3-77

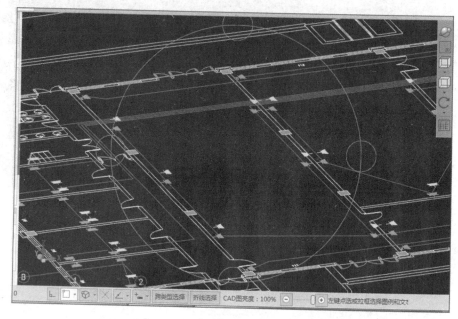

图 3-78

3.2.2 对识别完成的照明灯具、开关、插座等设备图元进行检查，查看有无错误识别、遗漏识别

【操作思路】

对识别完成的照明灯具、开关、插座等设备图元进行检查，查看有无错误识别、遗漏识别的操作思路如图 3-79 所示。

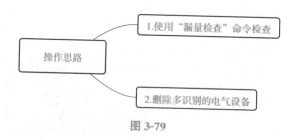

图 3-79

【操作流程】

(1)一层全部照明灯具、开关、插座等设备识别完成后，需要查看有无遗漏的照明灯具、开关、插座等设备没有识别。执行"绘制"→"检查模型"→"漏量检查"命令，如图 3-80 所示。

图 3-80

（2）弹出"漏量检查"对话框，单击"漏量检查"对话框的"检查"按钮，如图 3-81 所示。

（3）检查完成后，会显示出没有识别的设备图例、所在楼层、未识别的个数，如序号 7 的"双向疏散指示灯"在首层里面有 1 个数量没有识别，如图 3-82 所示。

图 3-81

图 3-82

（4）鼠标左键双击"漏量检查"对话框中的设备，会关联至绘图区域中未识别的设备。如果是需要识别的进行补充识别。在本实例中，未识别的设备都在图例符号表中，都是不应该识别的，不需要进行补充识别，如图 3-83 所示。

（5）检查是否有多识别的照明灯具、开关、插座等电气设备。导入图纸时，一层有导入的图例符号表，在图例符号表中有照明灯具、开关、插座等电气设备的 CAD 图例，图例符号表内的图例是不应该被识别计算工程量的，但是在操作软件进行识别时，软件有时也会将图例符号表内的设备识别出来，这时需要将多识别的照明灯具、开关、插座等电气设备删除，如图 3-84 所示。

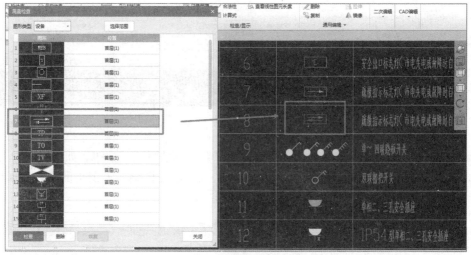

图 3-83

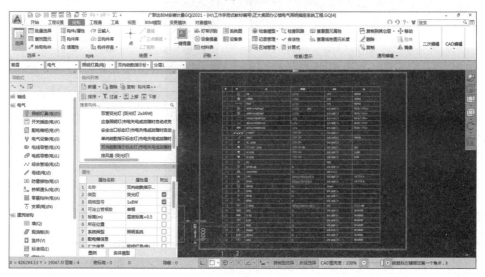

图 3-84

💡 内容拓展

图例符号表内的电气设备 CAD 图例是不需要进行工程量计算的,所以不应该被识别。有多识别的和错误识别的图元如果不删除,软件就会根据其图元计算工程量,导致工程量计算错误。

建议在使用"材料表"命令识别图例符号表之后,将已经导入的图例符号表删除,以防止后续识别设备数量时产生识别错误。

(6)查看图例符号表内的电气设备 CAD 图例是否被识别最简单、最方便的方法是在绘图区域对图例符号表进行三维视角查看,在三维视角下就可以看见该图例是否被识别,如图 3-85 所示。

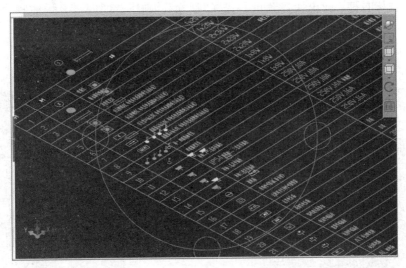

图 3-85

(7)鼠标左键单击导航栏内的照明灯具，然后框选图例符号表，单击鼠标右键，如图 3-86 所示。

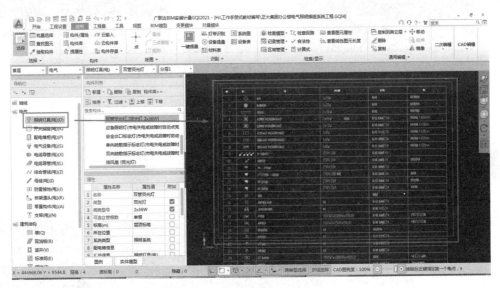

图 3-86

内容拓展

鼠标点选导航栏内的对应构件，就可以删除该类构件。例如，想删除照明灯具，则点选导航栏内的照明灯具，才可以选中绘图区域的照明灯具进行删除。

如果想删除照明灯具，且点选导航栏内的开关插座，则不能选中绘图区域的照明灯具进行删除。

（8）单击鼠标右键，弹出快捷菜单，选择"删除"，则所有照明灯具均被删除，如图 3-87 所示。

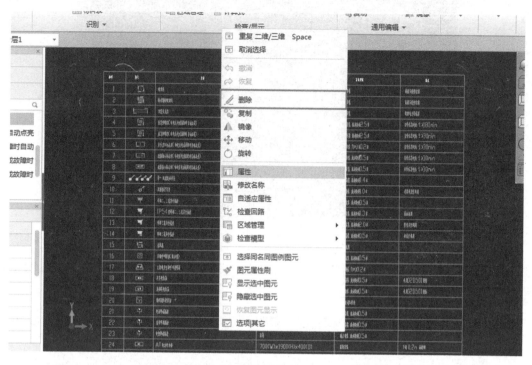

图 3-87

（9）鼠标左键单击导航栏内的开关插座，然后框选图例符号表，单击鼠标右键，如图 3-88 所示。

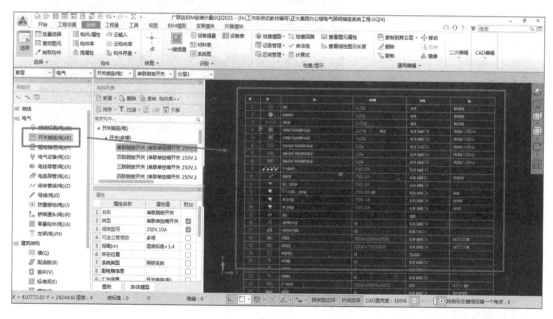

图 3-88

（10）单击鼠标右键，弹出快捷菜单，选择"删除"，则所有开关插座均被删除，如图 3-89 所示。

图 3-89

（11）如果有一种电气设备识别错误，且数量较多，在平面图中分布零散，选取比较困难，可以采用"批量选择"方式选定进行删除。

以照明灯具中的吸顶灯为实例进行讲解。执行"批量选择"→"吸顶灯"→"确定"命令，这样所有在一层的被识别完的吸顶灯图元就都被选中，如图 3-90 所示。

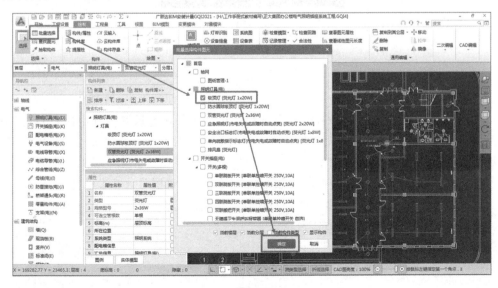

图 3-90

(12)批量选中后,单击鼠标右键,在弹出的快捷菜单中选择"删除",则一层所有被识别完的吸顶灯图元被全部删除,如图 3-91 所示。

图 3-91

3.2.3　汇总计算，查看照明灯具、开关、插座等设备工程量

【操作思路】

汇总计算，查看照明灯具、开关、插座等设备工程量的操作思路如图 3-92 所示。

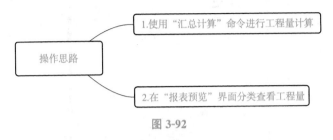

图 3-92

【操作流程】

(1)正大集团办公楼一层室内电气工程中的照明灯具、开关、插座等电气设备识别完成后，进行汇总计算，查看电气设备工程量。鼠标左键单击"工程量"选择卡"工程量"功能包中的"汇总计算"按钮，进行汇总计算，如图 3-93 所示。

图 3-93

 内容拓展

想要查看工程量，必须进行汇总计算，否则无法查看工程量。

也可使用"快速访问"工具栏上的"汇总计算"按钮，如图 3-94 所示。

图 3-94

---

(2)激活"汇总计算"命令后，在弹出的"汇总计算"对话框中勾选需要计算的楼层即可，这里只计算首层，鼠标左键单击"计算"按钮进行汇总计算，如图 3-95 所示。

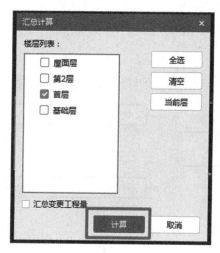

图 3-95

💡 内容拓展

　　根据实际情况，勾选需要计算的楼层工程量。没有勾选的楼层，不计算工程量。

　　(3)汇总计算完成后，查看照明灯具、开关插座等电气设备的工程量，鼠标左键单击"工程量"选择卡"工程量"功能包中的"报表预览"命令按钮，如图 3-96 所示。

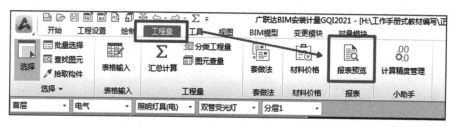

图 3-96

　　(4)在弹出的"报表预览"对话框中，鼠标左键单击"设备"按钮，就可以查看所有各种照明灯具、开关、插座的工程量，如图 3-97 所示。

　　(5)在"报表预览"对话框中，可以对电气设备进行报表反查，查看其在绘图区域里面的构件图元。鼠标左键单击"报表反查"按钮，如图 3-98 所示。

　　(6)按图中标注进行操作，查看的是排风扇的构件图元，如图 3-99 所示。

　　(7)在绘图区域就可以查到排风扇的构件图元，如图 3-100 所示。

　　(8)在"报表预览"对话框中，可以将工程量计算结果导出为 Excel 文件，也可以导出为 PDF 文件，方便没有安装广联达 BIM 安装计量 GQI2021 软件的人员查看设备工程量，如图 3-101、图 3-102 所示。

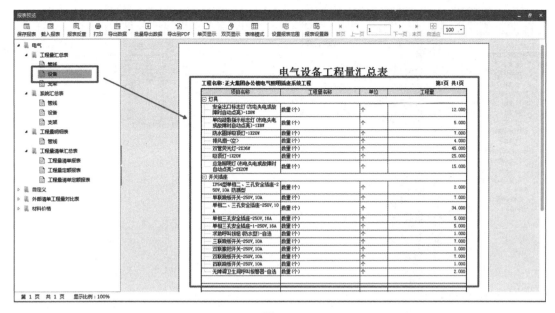

图 3-97

图 3-98

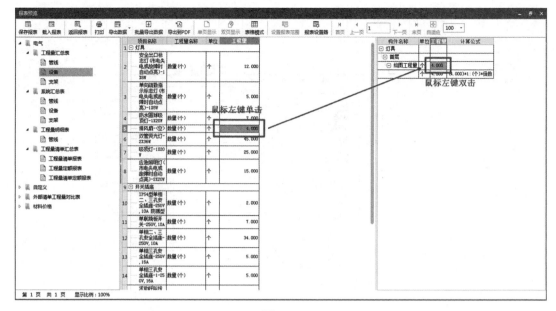

图 3-99

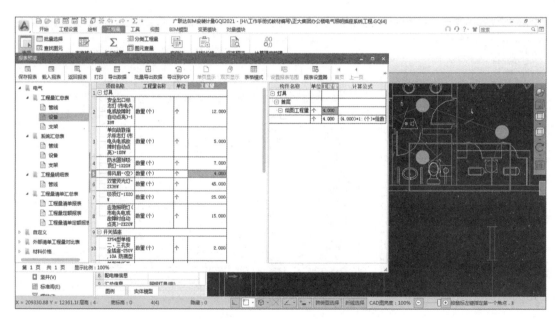

图 3-100

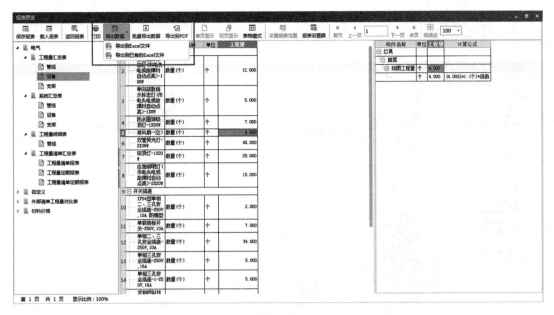

图 3-101

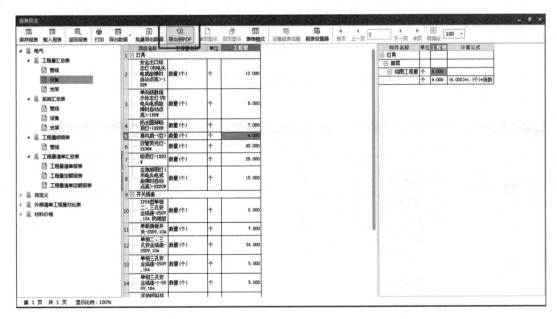

图 3-102

> 💡 内容拓展
>
> 　　如果需要查看电气设备报表工程量，但计算机没有安装广联达 BIM 安装计量 GQI2021 软件，可以在安装软件的计算机上将电气设备报表工程量导出为 Excel 或 PDF 格式，查看电气设备报表工程量没有限制，方便快捷。

(9)同时，也可批量导出数据至计算机，单击"批量导出数据"按钮，在弹出的"批量导出数据"对话框中单击"确定"按钮，如图 3-103 所示。

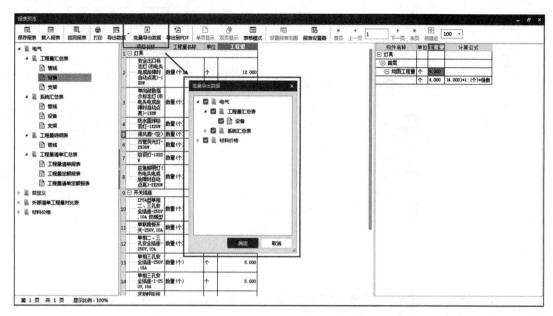

图 3-103

(10)也可以在广联达 BIM 安装计量 GQI2021 软件中进行工程量报表的打印，如图 3-104 所示。

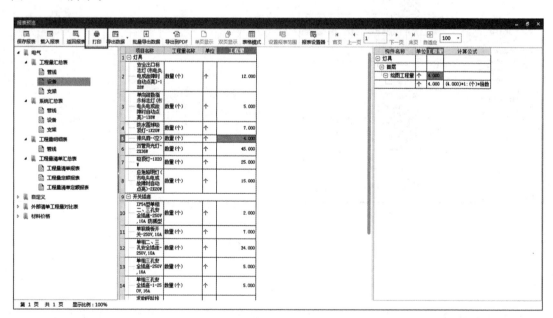

图 3-104

3.3　识别配电箱柜

任务目标

1. 知识目标

(1)掌握"系统图"命令,完成配电箱柜属性定义;

(2)熟悉系统图识别。

2. 能力目标

(1)能创建配电箱柜,对配电箱的属性设置进行修改;

(2)能识读配电箱系统图中的各个回路。

3. 素养目标

(1)培养学生综合运用所学知识分析问题和解决问题的能力;

(2)培养学生严格按照图纸、规范要求进行工程量计算的习惯,不可偷工减料、降低标准,培养学生正确的工程质量意识。

任务描述

根据正大集团办公楼室内建筑电气工程图纸可知,本工程共有 7 个配电箱柜,各个配电箱柜的名称、安装方式、尺寸、进入电线回路信息在系统图中都已经进行标注,如图 3-105 所示。

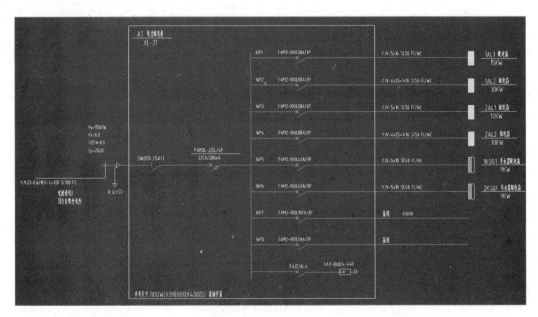

图 3-105

例如，图 3-105 中的 AT 电力配电柜，安装方式为落地安装，尺寸为 700 mm(W)×1 900 mm(H)×400 mm(D)，700 mm 为宽，1900 mm 为高，400 mm 为厚，该配电柜左侧的入户管线信息是：YJV22-4×120 SC100 FC，表示是一根型号为 YJV22 的 4 芯电力电缆，穿在直径是 100 mm 的焊接钢管里面，埋地敷设。右面的出线回路共 6 个，分别连接 1AL1、1AL2、2AL1、2AL2、1KSQ1、2KSQ1 这 6 个配电箱，连接 1AL1 配电箱的管线信息是 YJV-5×16 SC50 FC/WC，连接 1AL2 配电箱的管线信息是 YJV-4×25＋1×16 SC50 FC/WC，连接 2AL1 配电箱的管线信息是 YJV-5×16 SC50 FC/WC，连接 2AL2 配电箱的管线信息是 YJV-4×25＋1×16 SC50 FC/WC，连接 1KSQ1 和 2KSQ1 的管线信息都为 YJV-5×10 SC40 FC/WC。其他配电箱的系统信息此处不一一说明。

任务分析

在进行室内建筑电气工程量计算时，需要计算配电箱的工程量，手工计算是在图纸上规格配电箱的名称、规格、安装方式等计算配电箱的个数。广联达 BIM 安装计量 GQI2021 软件是通过定义、属性值修改、识别配电箱柜计算其工程量。其主要工作任务如下：

（1）通过"系统图"功能，创建配电箱柜，根据系统图修改配电箱柜属性值，执行"读系统图"命令进行配电箱出线回路管线信息进行识读，反建电气管线信息；

（2）使用"设备提量"命令进行配电箱柜的识别，计算工程量，导出配电箱柜工程量报表。

任务实施

【操作思路】

识别配电箱柜的操作思路如图 3-106 所示。

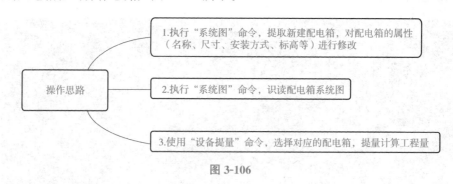

图 3-106

【操作流程】

（1）以"AT 电力配电柜"和"1AL1 配电箱"为例讲解。在图纸区域找到已经导入的"AT 电力配电柜"系统图，鼠标左键单击导航栏中的"配电箱柜"，如图 3-107 所示。

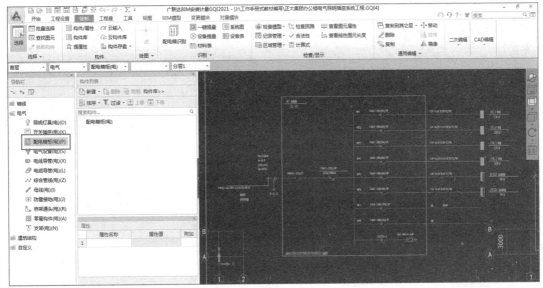

图 3-107

💡 内容拓展

在对配电箱柜进行创建、识别时，一定要点选导航栏中的"配电箱柜"，才能对配电箱柜进行相关操作。

之前对照明灯具进行创建、识别时，点选的是导航栏中的"照明灯具"，对开关插座进行创建、识别，点选的是导航栏中的"开关插座"。

（2）执行"系统图"命令，如图 3-108 所示。

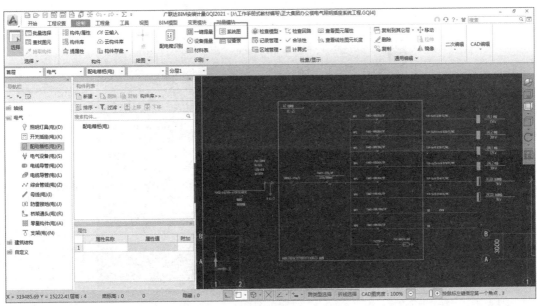

图 3-108

（3）激活"系统图"命令后，弹出"配电系统设置"对话框，鼠标左键单击"提取配电箱"按钮，在绘图区域中点取 AT1 电力配电柜的名称，单击鼠标右键确认，完成 AT1 电力配电柜的创建，如图 3-109～图 3-111 所示。

图 3-109

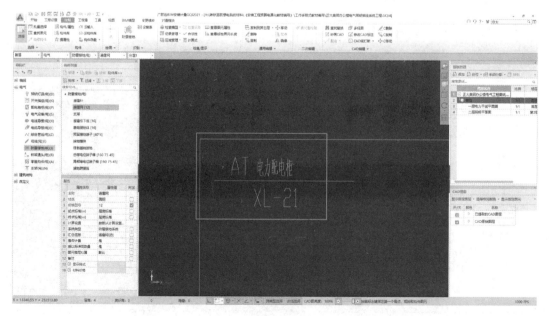

图 3-110

图 3-111

💡 内容拓展

在"配电系统设置"对话框中，执行"新建"→"新建配电箱柜"命令，也可以创建配电箱柜，如图 3-112 所示。

图 3-112

(4)创建"AT1 电力配电柜"完成后，软件默认属性值与实际值不符，需要进行修改，如图 3-113 所示。

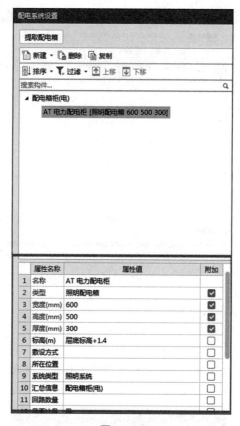

图 3-113

　　(5)识读系统图可知，AT 电力配电柜的尺寸为 700 mm(W)×1 900 mm(H)×400 mm(D)，安装方式为落地安装(也就是层底标高，距地 0 m)，配电柜的敷设方式都是明敷(明装)，安装在墙外。根据以上信息，各项属性值修改如下：

　　名称：不需要修改，提取时已经完成命名；

　　类型：默认照明配电箱，不需要修改；

　　宽度：改为 700；

　　高度：改为 1 900；

　　厚度：改为 400；

　　标高：改为层底标高；

　　敷设方式：明敷。

　　(6)AT1 电力配电柜创建、属性值修改完成后，进行出线回路管线信息的识读。在"配电系统配置"对话框中，执行"读系统图"命令，如图 3-114 所示。

图 3-114

💡 内容拓展

配电箱柜完成新建和属性值的修改就可以进行识别了，但在识别之前执行"读系统图"命令识读配电箱柜出线管线回路信息的目的是反建电线导管和电缆导管，为以后的电线导管和电缆导管的回路识别奠定基础。

(7)在绘图区域框选 AT1 电力配电柜右面的出线回路管线信息，单击鼠标右键进行确认，如图 3-115 所示。

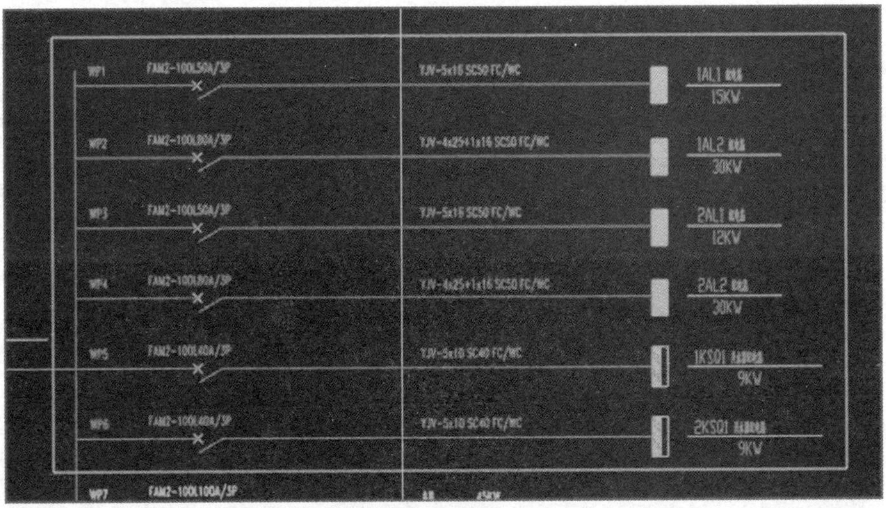

图 3-115

(8)单击鼠标右键确认，AT 电力配电柜的 6 个出线回路管线信息识别完成，与 AT 电力配电柜的系统图进行核对。敷设方式不对，需要进行修改，如图 3-116 所示。

	名称	回路编号	导线规格型号	导管规格型号	敷设方式	末端负荷	标高(m)	系统类型	配电箱信息	对
2	AT 电力配电柜-WP1	WP1	YJV-5x16	SC50	F	1AL1 配电箱	层底标高	动力系统	AT 电力配电柜	电
3	AT 电力配电柜-WP2	WP2	YJV-4x25+1x16	SC50	F	1AL2 配电箱	层底标高	动力系统	AT 电力配电柜	电
4	AT 电力配电柜-WP3	WP3	YJV-5x16	SC50	F	2AL1 配电箱	层底标高	动力系统	AT 电力配电柜	电
5	AT 电力配电柜-WP4	WP4	YJV-4x25+1x16	SC50	F	2AL2 配电箱	层底标高	动力系统	AT 电力配电柜	电
6	AT 电力配电柜-WP5	WP5	YJV-5x10	SC40	F	1KSQ1 开水器配电箱	层底标高	动力系统	AT 电力配电柜	电
7	AT 电力配电柜-WP6	WP6	YJV-5x10	SC40	F	2KSQ1 开水器配电箱	层底标高	动力系统	AT 电力配电柜	电

图 3-116

(9)鼠标左键单击敷设方式后出现三个点的"浏览"按钮，单击"浏览"按钮，只框选管线信息，单击鼠标右键单击确定，敷设方式修改完成，如图 3-117～图 3-119 所示。

	名称	回路编号	导线规格型号	导管规格型号	敷设方式	末端负荷	标高(m)	系统类型	配电箱信息	对
2	AT 电力配电柜-WP1	WP1	YJV-5x16	SC50	F	1AL1 配电箱	层底标高	动力系统	AT 电力配电柜	电
3	AT 电力配电柜-WP2	WP2	YJV-4x25+1x16	SC50	F	1AL2 配电箱	层底标高	动力系统	AT 电力配电柜	电
4	AT 电力配电柜-WP3	WP3	YJV-5x16	SC50	F	2AL1 配电箱	层底标高	动力系统	AT 电力配电柜	电
5	AT 电力配电柜-WP4	WP4	YJV-4x25+1x16	SC50	F	2AL2 配电箱	层底标高	动力系统	AT 电力配电柜	电
6	AT 电力配电柜-WP5	WP5	YJV-5x10	SC40	F	1KSQ1 开水器配电箱	层底标高	动力系统	AT 电力配电柜	电
7	AT 电力配电柜-WP6	WP6	YJV-5x10	SC40	F	2KSQ1 开水器配电箱	层底标高	动力系统	AT 电力配电柜	电

图 3-117

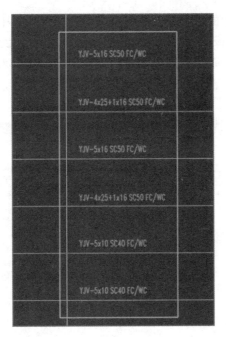

图 3-118

1	名称	回路编号	导线规格型号	导管规格型号	敷设方式	末端负荷	标高(m)	系统类型	配电箱信息	对
2	AT 电力配电柜-WP1	WP1	YJV-5×16	SC50	FC/WC	1AL1 配电箱	层底标高	动力系统	AT 电力配电柜	电
3	AT 电力配电柜-WP2	WP2	YJV-4×25+1×16	SC50	FC/WC	1AL2 配电箱	层底标高	动力系统	AT 电力配电柜	电
4	AT 电力配电柜-WP3	WP3	YJV-5×16	SC50	FC/WC	2AL1 配电箱	层底标高	动力系统	AT 电力配电柜	电
5	AT 电力配电柜-WP4	WP4	YJV-4×25+1×16	SC50	FC/WC	2AL2 配电箱	层底标高	动力系统	AT 电力配电柜	电
6	AT 电力配电柜-WP5	WP5	YJV-5×10	SC40	FC/WC	1KSQ1 开水器配电箱	层底标高	动力系统	AT 电力配电柜	电
7	AT 电力配电柜-WP6	WP6	YJV-5×10	SC40	FC/WC	2KSQ1 开水器配电箱	层底标高	动力系统	AT 电力配电柜	电

图 3-119

💡 内容拓展

FC/WC 表示在地面里和墙里暗敷设。

如果配电箱柜的回路信息没有识别全，也可以追加读取系统图，还可以添加、插入、删除和复制各个回路行。

(10)在"配电系统设置"对话框中，"AT 电力配电柜"的创建、属性值修改、出线回路管线信息识读完成后，鼠标左键单击"确定"按钮，"完成 AT 电力配电柜"的创建，如图 3-120所示。

(11)在导航栏中的配电箱柜中，可以看到构件列表中的"AT 电力配电柜"及相应的属性值，如图 3-121 所示。

（12）同时，在导航栏中的电缆导管中，可以看到构件列表中的 AT 电力配电柜的 6 个出线回路管线 WP1～WP6 及相应的电缆导管属性值，如图 3-122 所示。这 6 个电缆导管就是通过识读 AT 电力配电柜系统图的出线回路管线信息反建出来的。这样操作的好处是电缆导管不用再进行创建了，直接通过"读系统图"命令快速反建，提高了软件操作效率，节约了大量时间。

图 3-120

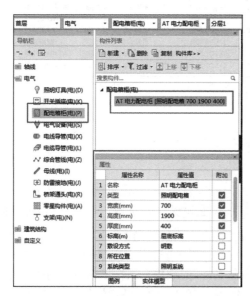

图 3-121

图 3-122

（13）AT 电力配电柜创建、属性设置完成，需要对平面图中 AT 电力配电柜进行识别，生成构件图元，提取 AT 电力配电柜，计算其工程量。在图纸区域找到"一层电力干线平面图"，导航栏点选"配电箱柜"，点选"AT 电力配电柜"，执行"设备提量"命令，如图 3-123 所示。

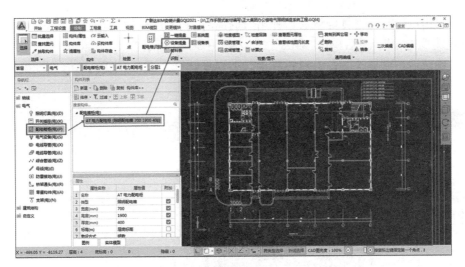

图 3-123

(14)激活"设备提量"命令后，在绘图区域的"一层电力干线平面图"上鼠标左键单击 AT 电力配电柜的图例和 AT 的标注文字（两个必须都点选上），点选后单击鼠标右键确认，如图 3-124 所示。

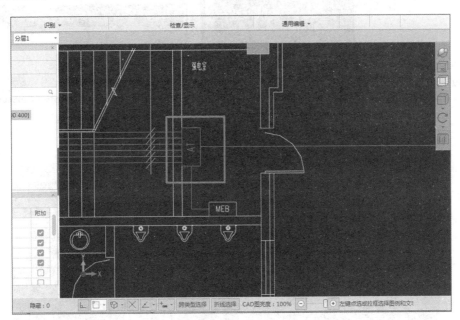

图 3-124

💡 内容拓展

在进行配电箱柜的识别时，配电箱柜的 CAD 图例和文字名称都要点选上。如果在识别时只选图例，不选文字名称，会导致所有配电箱都被识别出并混淆在一起，产生识别错误。

（15）单击鼠标右键进行确认后，弹出"选择要识别成的构件"对话框，单击鼠标左键点选"AT 电力配电柜"，然后单击"确认"按钮，如图 3-125 所示。

（16）确认后，会提示设备识别的数量，工程量计算完成，并且 AT 电力配电柜的图例颜色会发生变化，如图 3-126 所示。

图 3-125

图 3-126

（17）可以切换至三维视角查看其三维模型，如图 3-127 所示。

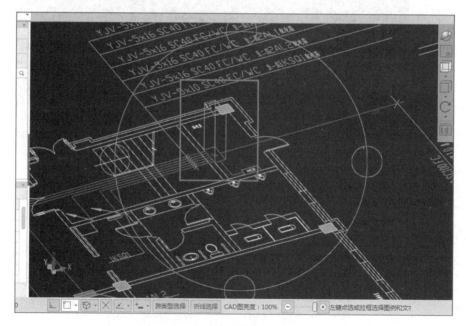

图 3-127

（18）按上述方法，通过"系统图"命令完成1AL1配电箱的提取、属性定义及回路读取，但是在使用"设备提量"命令识别1AL1配电箱时，软件提示识别的设备数量是0，如图3-128所示。分析原因，是1AL1配电箱的文字标注距离图例符号太远导致1AL1配电箱没有识别成功，需要在软件中对CAD底图进行修改，将其标注文字移动到配电箱图例附近，再进行识别。

图 3-128

（19）执行"绘制"→"CAD编辑"→"C移动"命令，如图3-129所示。

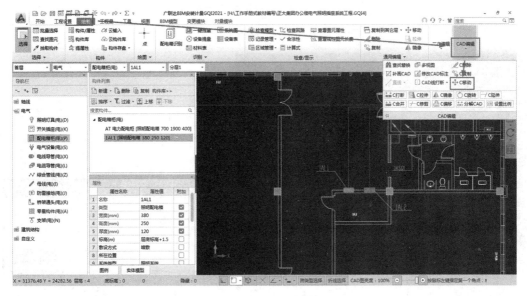

图 3-129

💡 内容拓展

在"CAD编辑"功能包中，可以实现对导入软件中的CAD图纸底图进行一系列修改，主要有C打断、C拉伸、C镜像、C旋转、C延伸、C合并、C修剪、分解CAD等命令，来实现对CAD底图修改以便更好地识别构件图元，如图3-130所示。

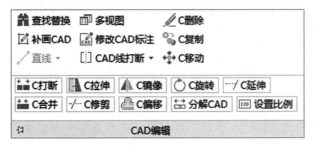

图 3-130

(20)激活"移动"命令后，鼠标左键单击选中 1AL1 文字后，单击鼠标右键确认，控制鼠标将其移动至配电箱图例符号附近后，单击鼠标左键，完成移动，如图 3-131 所示。同样，在"一层应急照明平面图"和"一层照明平面图"这两张图纸中也有 1AL1 配电箱，也需要进行移动。

(21)3 张图纸都修改完成后，再使用"设备提量"命令进行识别，提示识别的设备数量为"3 个"，并且 1AL1 配电箱的图例颜色会发生变化，完成 1AL1 配电箱的识别，如图 3-132 所示。

刚才计算的 1AL1 配电箱的工程量是 3 个，分别是"一层电力干线平面图""一层应急照明平面图"和"一层照明平面图"3 张图纸中各 1 个，但是这 3 张图纸分别绘制的 1AL1 配电箱指的是同一个配电箱，只是在 3 张平面图中都体现出来了，实际 1AL1 配电箱的工程量只有 1 个，但是软件却识别出来 3 个，因此，需要进行修改。

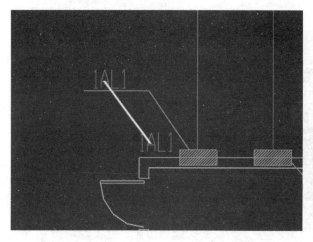

图 3-131

图 3-132

💡 内容拓展

在室内建筑电气施工图纸中，经常会出现同一配电箱在多张平面图中体现，这种情况是为了更好地表达出图纸信息，例如，HX 配电箱有 2 个照明回路和 4 个插座回路，而电气施工图纸设计时，在照明平面图和插座平面图中都会体现出 HX 配电箱，但实际上这两个配电箱是同一个 HX 配电箱，只是体现在两张不同的图纸上。但在软件中，会识别为 2 个构件图元，计算 2 个工程量，所以，需要进行修改。

修改不能是把其中一张平面图上已经识别出来的构件图元删除，如果删除，配电箱的工程量是对的，但是导致在该张平面图中电线导管无法连接配电箱，同时不能计算出电线在配电箱内的预留线长度，导致电线导管工程量计算错误。

对这个问题进行修改时，所有的配电箱都要保留，但是只有一个配电箱设置为计量，另外的设置为不计量，这个修改可以在配电箱的属性值中完成。

(22)将"一层电力干线平面图"中的 1AL1 配电箱设置为计量，而另两张"一层应急照明平面图"和"一层照明平面图"中的 1AL1 配电箱设置为不计量。鼠标左键点选"一层应急照明平面图"中已经识别完成的 1AL1 配电箱构件图元，选中后将对应的属性中的"是否计量"属性值改为"否"，则在"一层应急照明平面图"中的 1AL1 配电箱构件图元得以保留，但是不计算工程量。采用同样的方法对"一层照明平面图"中 1AL1 配电箱设置为不计量。在识别后，可以通过"报表预览"命令查看配电箱的工程量，如图 3-133 所示。

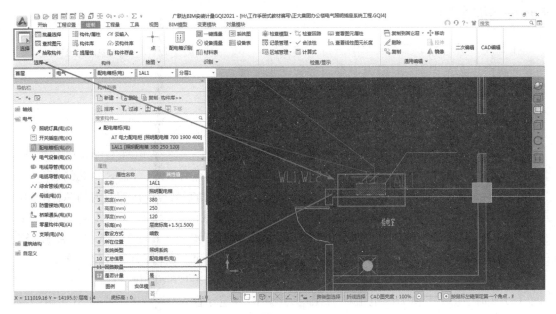

图 3-133

💡**内容拓展**

要对哪个构件图元的属性值进行修改，就要先点选该构件图元。

被设置为不计量的配电箱构件图元颜色为红色。

3.4 识别电缆导管

🎯**任务目标**

1. 知识目标

(1) 掌握"电缆导管"命令，完成电缆导管属性定义；

(2) 熟悉"单回路"命令，完成电缆导管的识别。

2. 能力目标

(1) 能够使用广联达 BIM 安装计量 GQI2021 软件根据实际工程图纸新建电缆导管；

(2) 能够使用广联达 BIM 安装计量 GQI2021 软件识别图纸中配电箱柜之间的电缆导管。

3. 素养目标

(1)培养学生综合运用所学知识分析问题和解决问题的能力；

(2)强化学生诚信、公平、法治、奉献和精益求精的职业道德。

任务描述

在完成一层电力干线平面图中进行入户电缆、AT 配电箱与 1AL1 配电箱之间的电缆及导管的属性定义及识别，计算其电缆及导管的工程量。

任务分析

通过 AT 电力配电柜系统图和一层电力干线平面图可知，本室内电气工程入户电缆导管信息为 YJV22-4×120 SC100 FC，含义为一根 YJV22 型号的电力电缆，4 芯，每芯的截面面积为 120 mm²，穿入一根直径为 100 mm 的焊接钢管内，沿地面暗敷设连接建筑内的 AT 电力配电柜。同时可知，AT 电力配电柜和 1AL1 配电箱的电缆导管信息为 YJV-5×16 SC50 FC/WC，含义为一根 YJV 型号的电力电缆，5 芯，每芯的截面面积为 50 mm²，穿在一根直径为 50 mm 的焊接钢管内，沿地面和墙暗敷设将 AT 电力配电柜和 1AL1 配电箱连接起来。

(1)识别进入 AT 电力配电柜的入户电缆导管 YJV22-4×120 SC100 FC；

(2)识别连接 AT 电力配电柜和 1AL1 配电箱的电缆导管 YJV-5×16 SC50 FC/WC。

任务实施

3.4.1 识别入户电缆导管 YJV22-4×120 SC100 FC

【操作思路】

识别入户电缆导管 YJV22-4×120 SC100 FC 的操作思路如图 3-134 所示。

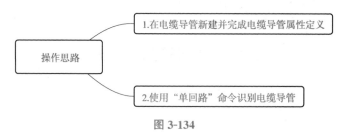

图 3-134

【操作流程】

(1)新建电缆导管，执行"电缆导管"→"新建"→"新建配管"命令，如图 3-135 所示。

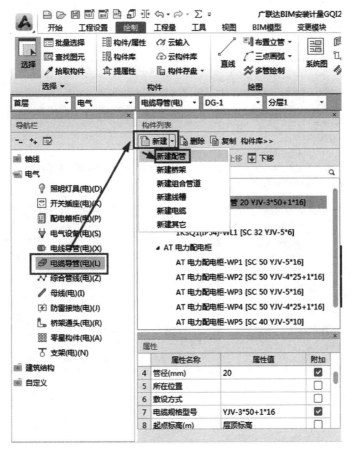

图 3-135

💡 内容拓展

新建配管：新建保护管，并附带生成管内的电缆或电线；

新建桥架：只新建桥架，不生成桥架内的电缆或电线；

新建组合管道：新建多个平行组合电缆导管；

新建线槽：只新建线槽，不生成线槽内的电缆或电线；

新建电缆：只新建电缆，不会生成电缆外面的保护管。

以上选项在选择时，要根据工程实际情况进行选定。

由于本工程入户电缆导管既有电缆也有保护管，所以选择新建配管。

(2)新建后，会创建一个名称为"DG-1"的电缆导管，根据入户电缆导管的信息 YJV22-4×120 SC100 FC，对其属性值进行修改，如图 3-136 所示。

名称：入户电缆导管；

导管材料：焊接钢管(或 SC)；

管径：100 mm；

敷设方式：FC；

起点标高：—1.45 m；

终点标高：—1.45 m。

图 3-136

💡 内容拓展

起点标高和终点标高的属性值是根据"一层电力干线平面图"入户电缆导管的信息中说明"室外埋深1.0米"得知，如图 3-137 所示。

图 3-137

本工程室外地面标高—0.450 m，所以，入户电缆导管的起点和终点标高都是—1.450 m。

(3)电缆导管定义及属性值修改完成后，识别电缆导管。在"绘制"选项卡下，执行"电缆导管"→"入户电缆导管"→"单回路"命令，如图 3-138 所示。

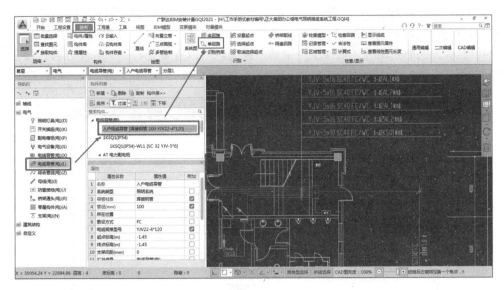

图 3-138

💡 **内容拓展**

单回路识别：一次只能识别一个电缆导管回路，并且单个回路中所有的导管管径是一样的，导管管径不能根据管内电线截面面积和根数设置变化。

多回路识别：一次可识别两个及两个以上的电缆导管回路，并且各个回路中所有导管管径可以根据管内电线的截面面积和根数设置变化。

---

(4)激活"单回路"命令后，在绘图区域的一层电力干线平面图中找到该入户电缆导管的CAD图例线，鼠标左键单击该CAD图例线，CAD图例线被点选后，图例线的颜色会发生变化，证明该图例线被选中，单击鼠标右键确认，如图3-139所示。

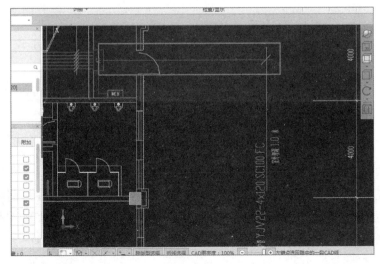

图 3-139

(5)单击鼠标右键确认后，弹出"选择要识别成的构件"对话框，鼠标左键单击"入户电缆导管"后再单击"确认"按钮，完成对 YJV22-4×120 SC100 FC 入户电缆导管的识别，如图 3-140 所示。识别完成后，切换至三维动态视角，可以查看到有一个电缆导管连接至 AT 电力配电柜。

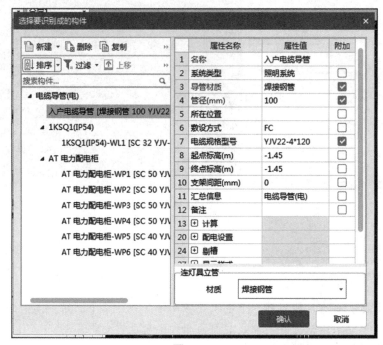

图 3-140

3.4.2　识别连接 AT 电力配电柜和 1AL1 配电箱的电缆导管 YJV-5×16 SC50 FC/WC

【操作思路】

识别连接 AT 电力配电柜和 1AL1 配电箱的电缆导管 YJV-5×16 SC50 FC/WC 的操作思路如图 3-141 所示。

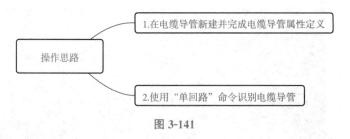

图 3-141

【操作流程】

(1)鼠标左键单击导航栏中的"电缆导管"，可以看到在构件列表中在之前读系统图时反建的电缆导管，其中名称为"AT 电力配电柜-WP1"就是连接 AT 电力配电柜和 1AL1 配电箱的电缆导管。所以不用新建电缆导管，直接识别即可，如图 3-142 所示。

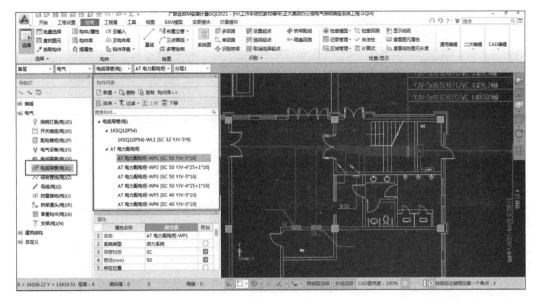

图 3-142

(2)在"绘制"选项卡下，执行"电缆导管"→"AT 电力配电柜-WP1"→"单回路"命令，如图 3-143 所示。

(3)激活"单回路"命令后，在绘图区域的一层电力干线平面图中找到 AT 电力配电柜和 1AL1 配电箱的电缆导管的 CAD 图例线，鼠标左键单击该 CAD 图例线，单击鼠标右键确认。CAD 图例线被点选后，图例线的颜色会发生变化，证明该图例线被选中，如图 3-144 所示。

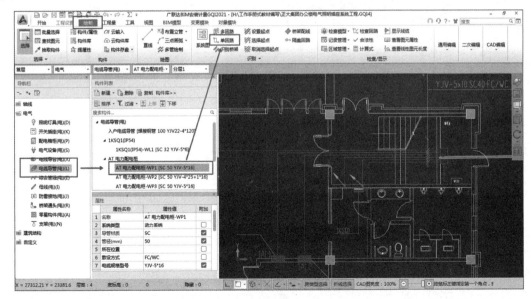

图 3-143

点选回路代表的 CAD 线时，要检查是否全部点选上了，不要有遗漏。如果遗漏，可以使用鼠标左键继续点选。如果点选后发现有不是这个回路上的 CAD 线被点选上，也可以使用鼠标左键将该点选去掉。

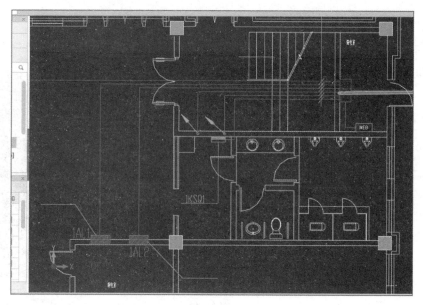

图 3-144

(4)单击鼠标右键确认后，弹出"选择要识别成的构件"对话框，鼠标左键点选" AT 电力配电柜-WP1"后再单击"确认"按钮，完成对 AT 电力配电柜和 1AL1 配电箱的电缆导管 YJV-5×16 SC50 FC/WC 的识别，如图 3-145 所示。识别完成后，切换至三维动态视角，可以查看到 AT 电力配电柜和 1AL1 配电箱的电缆导管。对于电缆进入配电箱柜的预留长度，软件会根据配电箱柜的尺寸自行进行计算。

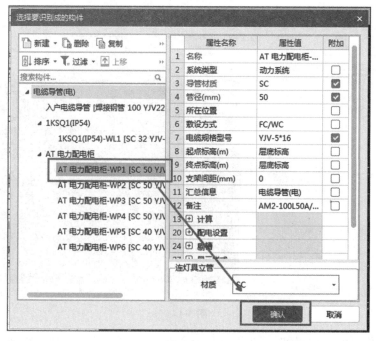

图 3-145

3.5 识别照明、插座回路的电线导管

任务目标

1. 知识目标

掌握"多回路"命令，完成照明回路的识别。

2. 能力目标

能使用广联达 BIM 安装计量 GQI2021 软件进行照明和插座电线、保护管的识别，完成工程量的计算。

3. 素养目标

(1)促使学生拓宽知识面、增强自学能力，养成严谨务实、终身学习的工作作风；

(2)促使学生思路开阔、敏捷，具有实事求是、改革创新的态度。

任务描述

本电气工程中的照明灯具、开关、插座、配电箱柜等电气设备识别完成后，可以开始识别照明回路的电线导管，计算照明回路电线导管的工程量。手工计算绝缘电线和保护管的工程量，绝缘电线的工程量计算规则：管内穿线(绝缘电线)根据导线的材质与截面面积，区别照明线与动力线，按照设计图示安装数量以"m"为计量单位。保护管的工程量计算规则：配管敷设根据配管材质与直径，区别敷设位置、敷设方式，按照设计图示安装数量以"m"为计量单位。在广联达 BIM 安装计量 GQI2021 软件中，通过对图纸中代表电线导管的CAD线识别为电线导管的图元，再根据图元计算长度得出工程量。

任务分析

以"一层照明平面图"和"一层插座平面图"为例进行讲解。识读电气工程设计说明可知，本工程照明和插座电线采用 BV-0.45/0.75 kV 绝缘电线；凡平面图中未注明的照明分支线路均为 BV-3×2.5 mm²，$2\sim4$ 根线穿 PVC20 管，$5\sim6$ 根线穿 PVC25 管。图中未注明的插座线路均为 BV-3×4 mm²，穿 PVC25 管。

识读电气工程系统图和平面图可知，在一层照明平面图中，1AL1 为照明配电箱共分出 9 个照明回路，即 WL1~WL9，其中 WL1 和 WL2 为一层应急照明灯供电；WL3~WL9 为一层各办公室、会议室、走廊、卫生间的照明灯具等电气设备供电，WL1~WL9 各个回路的电线导管从配电箱的上面出线后暗敷设在顶板内与照明灯具设备连接。1AL2 为插座配电箱共分出 15 个插座回路，即 WL1~WL15。其中，WL1 和 WL5 是一般的单相二、三孔插座；WL6~WL13 是单相三孔空调插座，WL14 是卫生间洗衣器用的 IP54 单相二、三孔插座，WL15 是弱电间的一般单相二、三孔插座。各个回路的电线导管从配电箱的上面出线后暗敷设在顶板内与照明灯具设备连接。

任务实施

【操作思路】

识别照明、插座回路的电线导管的操作思路如图 3-146 所示。

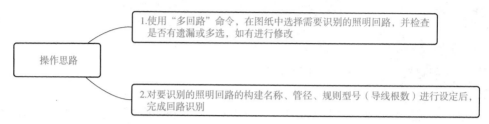

操作思路

1.使用"多回路"命令，在图纸中选择需要识别的照明回路，并检查是否有遗漏或多选，如有进行修改

2.对要识别的照明回路的构建名称、管径、规则型号（导线根数）进行设定后，完成回路识别

图 3-146

【操作流程】

(1)在图纸区域找到一层照明平面图中的 1AL1 配电箱。1AL1 配电箱照明回路共有 7 个，分别是 WL3～WL9。在识别照明回路前，必须先完成之前的照明灯具、开关、配电箱柜、桥架等设备的识别，否则回路不能连接设备，识别计算的工程量有错误。

鼠标左键单击导航栏中的"电线导管（电）"，可以看到在构件列表中在之前读系统图时反建的电线导管，其中名称"1AL1-WL3～1AL1-WL9"就是要识别的 1AL1 配电箱照明回路，如图 3-147 所示。所以，不用新建电线导管，直接识别即可。

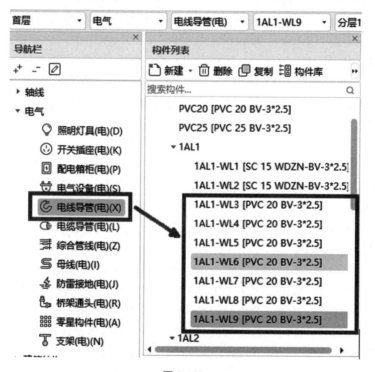

图 3-147

(2)在"建模"选项卡下，鼠标左键单击"多回路"按钮。在绘图区域的一层照明平面图中找到 1AL1 配电箱的 WL3～WL9 回路的 CAD 线，鼠标左键依次单击 WL3 的 CAD 线和回路编号，检查该回路 CAD 线是否有遗漏或多选，单击鼠标右键确认。分别鼠标左键依次单击 WL4～WL9 的 CAD 线和回路编号，单击鼠标右键确认。当 WL3～WL9 回路的所有的 CAD 线和回路编号都被选中后，再单击鼠标右键确认，在弹出"回路信息"对话框中将这个回路编号列分别修改为 WL3～WL9，将构件名称列也分别修改为 WL3～WL9，鼠标左键单击构件名称列下面的每个单元格，出现三点的"浏览"按钮，鼠标左键单击"浏览"按钮，在弹出的"选择要识别成的构件"对话框中分别依次选择 WL3～WL9 后，再单击"确认"按钮，如图 3-148 所示。

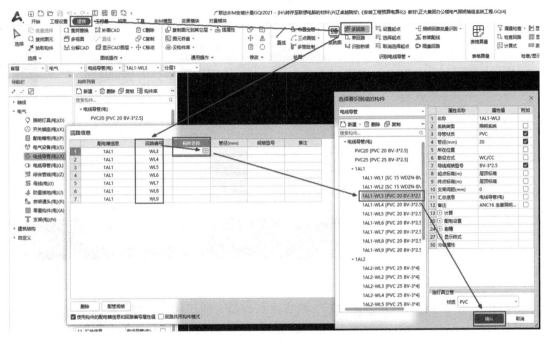

图 3-148

(3)在"回路信息"对话框中，回路编号和构件名称都修改后，鼠标左键单击"配管规格"按钮，将导线 2～4 根对应的管径改为 20，5～6 根对应的管径改为 25，最后单击"确认"按钮，1AL1 配电箱的 WL3～WL9 照明回路即被识别完成，如图 3-149 所示，切换至三维动态视角，可以查看到 WL4 照明回路的电线导管。

(4)1AL1 配电箱的 WL3～WL9 照明回路被识别完成，可以通过"检查回路"功能进行检查，查看回路识别是否正确。在"绘制"选项卡中，执行"检查/显示"→"检查回路"命令，如图 3-150 所示。

(5)在"检查回路"命令激活后，鼠标左键依次点选已经识别完成的 WL3～WL9 回路，单击鼠标右键确认。确认后，在绘图区域被选中的回路会显示为电流流动的特效，可以对该回路进行检查，查看是否识别错误（多识别或少识别）。

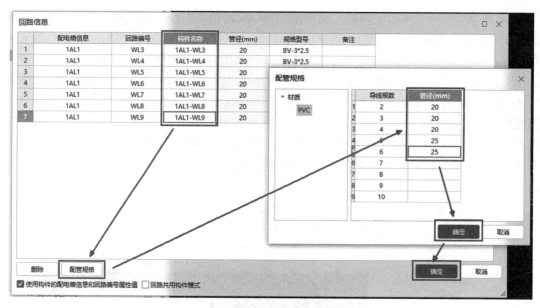

图 3-149

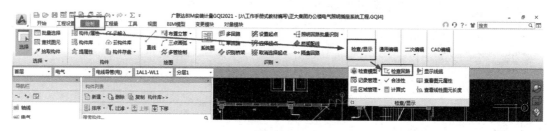

图 3-150

（6）在照明灯具和管线识别完成后，可以进行灯位盒的识别。在"绘制"选项卡下，执行"零星构件"→"新建"→"新建接线盒"命令，如图 3-151 所示。

💡 内容拓展

　　灯位盒是依附构件，主要依附于各种照明灯具和电线导管，所以，要在照明灯具和电线导管识别完成后再识别灯位盒。

　　灯位盒是室内建筑电气照明插座系统中容易遗漏的工程量，因为灯位盒不在图纸上以图例的方式显示，在识别时容易漏掉。但是在施工中，只要有照明灯具的位置，都要安装灯位盒，所以，不要忘记计算灯位盒的工程量。

（7）新建完成后，将新建的构件名称改为灯位盒，其他属性值不用修改，如图 3-152 所示。

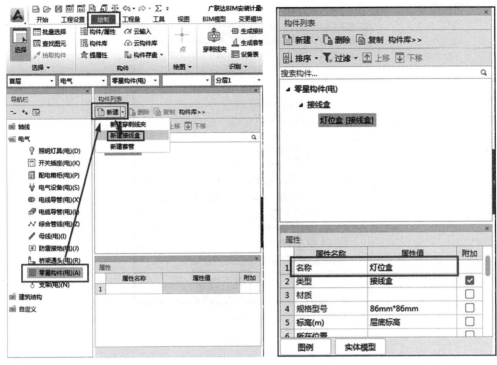

图 3-151   图 3-152

（8）在"绘制"选项卡下，鼠标左键单击"识别"功能包中的"生成接线盒"按钮，弹出"选择构件"对话框，鼠标左键单击"灯位盒"，然后单击"确认"按钮，如图 3-153 所示。

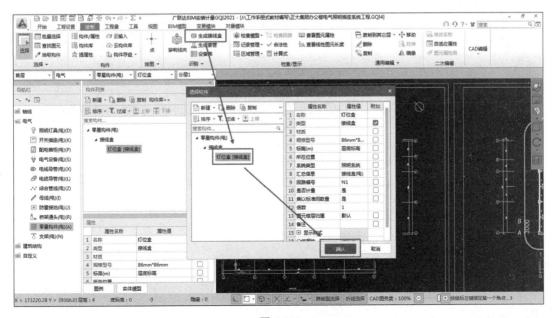

图 3-153

(9)确认后，弹出"生成接线盒"对话框，在对话框中勾选吸顶灯、防水圆球吸顶灯、双管荧光灯、排风扇及电线导管，然后单击"确定"按钮，如图 3-154 所示。确定后，提示生成的灯位盒的数量。

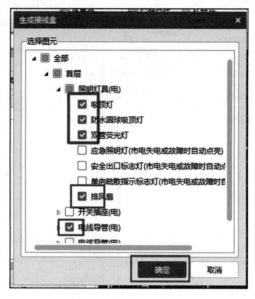

图 3-154

💡 内容拓展

生成接线盒对话框就是询问要将新生成的灯位盒依附于哪些构件，就勾选哪些构件，没有勾选的构件将不产生灯位盒。

应急照明灯、安全出口标志灯、单向疏散指示标志灯这三种虽然是照明灯具，但由于它们都是安装在墙上的，应该使用插座盒或开关盒，所以，没有勾选这三种灯具前面。

(10)1AL2 插座配电箱各个回路的识别方法和流程同照明回路，此处不再重复阐述。

项目 4

防雷接地系统建模算量

建筑物在设计时,都有防雷接地系统,其主要包括屋面接闪器、引下线和接地极。使用广联达 BIM 安装计量 GQI2021 软件进行防雷接地系统建模算量和使用图纸手工算量需要列项计算的分部分项工程量是一样的,主要计算以下分部分项工程量:

(1)屋面接闪器;

(2)引下线;

(3)接地极。

4.1 识别屋面接闪器

任务目标

1. 知识目标

掌握接闪器的种类、规格。

2. 能力目标

能使用广联达 BIM 安装计量 GQI2021 软件新建屋面避雷网构件、识别避雷网、汇总计算工程量。

3. 素养目标

通过对工程实例的自我学习和探索,引导学生主动总结,培养对新知识、新事物、新环境的洞察力和分析能力。

任务描述

根据工程图纸,使用广联达 BIM 安装计量 GQI2021 软件,新建屋面接闪器、修改其属性,使用回路识别命令识别接闪器。

任务分析

通过识读室内建筑电气施工图中的设计说明可知本工程屋面接闪器为避雷网(带)设计,

避雷带采用φ12 mm热镀锌圆钢可靠连接成电气通路作为接闪器，避雷网(带)网格不大于20 m×20 m或24 m×16 m，在屋面采用专用支架明敷设。屋面防雷平面图如图4-1所示，图中红色CAD线为避雷网(带)，主要沿女儿墙顶明敷设，并在屋面形成网格。避雷网在屋面女儿墙上敷设时，标高为9.200 m，在屋面上敷设时，标高为8.000 m。

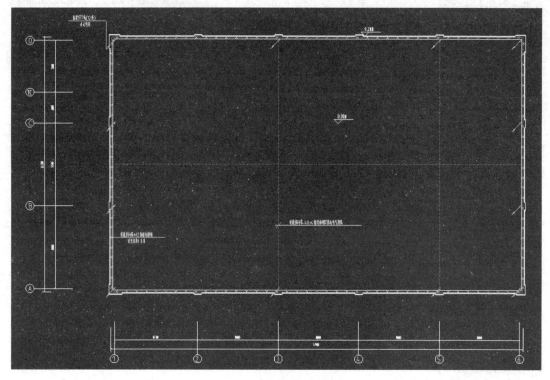

图 4-1

🔧 任务实施

【操作思路】

识别屋面接闪器的操作思路如图4-2所示。

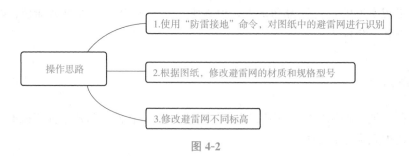

操作思路
1.使用"防雷接地"命令，对图纸中的避雷网进行识别
2.根据图纸，修改避雷网的材质和规格型号
3.修改避雷网不同标高

图 4-2

【操作流程】

(1)由于避雷网在屋面，将楼层切换至"屋面层"。鼠标左键单击导航栏中的"防雷接地"，如图4-3所示。

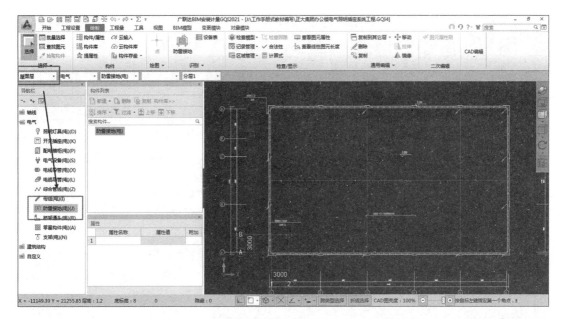

图 4-3

（2）在"绘制"选项卡中，鼠标左键单击"防雷接地"按钮，在弹出的"识别防雷接地"对话框中，将避雷网的材质改为"热镀锌圆钢"，规格型号改为"12"。将属性值修改完成后，鼠标左键单击"识别防雷接地"对话框中的"回路识别"，如图 4-4 所示。

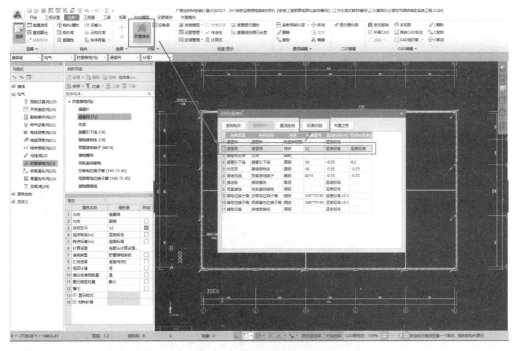

图 4-4

（3）在绘制区域，鼠标左键点选屋面防雷平面图中所有代表避雷网的 CAD 图例线，单击鼠标右键确认，屋面全部避雷网识别完成，如图 4-5 所示。

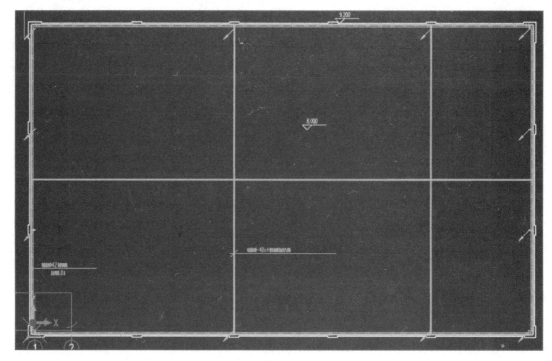

图 4-5

（4）在绘图区域，鼠标左键点选已经识别完成的位于女儿墙位置的全部避雷网构件图元，在属性中将起点标高和终点标高修改为 9.200。完成对女儿墙上避雷网的标高修改。修改完成后，在三维动态视角下，可以看到 9.2 m 标高的避雷网和 8.000 m 标高的避雷网之间会自动生成垂直避雷网，如图 4-6 所示。

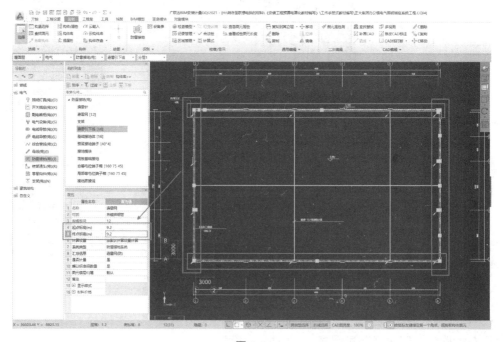

图 4-6

4.2 识别引下线和接地体

任务目标

1. 知识目标

掌握引下线、接地体的种类、规格。

2. 能力目标

能使用广联达 BIM 安装计量 GQI2021 软件进行屋面引下线和接地体构件的新建、识别、汇总计算工程量。

3. 素养目标

强化学生实事求是，跟踪新材料、新技术发展前沿的意识。

任务描述

根据工程图纸，使用广联达 BIM 安装计量 GQI2021 软件，新建引下线和接地体、修改其属性，使用回路识别命令识别引下线和接地体。

任务分析

通过识读室内建筑电气施工图中的设计说明，可知本工程利用结构柱主钢筋作为引下线，引下线上端与屋面上接闪器焊接，下端与综合接地体焊接，所以，本工程引下线为柱内钢筋(圆钢)。接地装置(体)为利用结构桩基础主钢筋可靠焊接成电气通路，同时与地梁内上下层主筋可靠焊接成电气通路作为接地极。并与作为引下线柱内主钢筋可靠焊接成电气通路，作为综合接地，基础及基础梁顶标高为－0.550 m，同时有 8 处预留接地端子，采用－40 mm×4 mm 热镀锌扁钢。所以，本工程的接地体分为两种；一种是基础梁内的钢筋(圆钢)；一种是预留接地端子－40 mm×4 mm 热镀锌扁钢(共 8 处)。

任务实施

【操作思路】

(1)切换至基础层。鼠标左键单击导航栏中的"防雷接地"。单击"绘制"选项卡，"防雷接地"按钮，弹出"识别防雷接地"对话框，如图 4-7 所示。

(2)如图 4-8 所示，在"识别防雷接地"对话框中，修改"均压环"的属性，如下：

构件名称：基础接地体；

材质：圆钢；

规格型号：16；

起点标高：－0.55 m；

终点标高：－0.55 m。

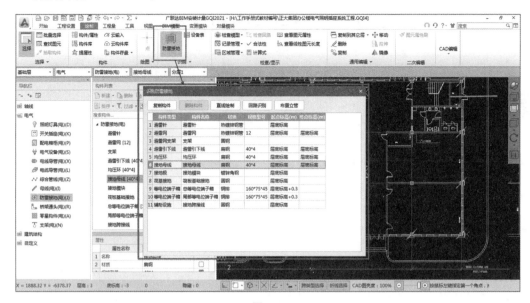

图 4-7

图 4-8

（3）如图 4-9 所示，在"识别防雷接地"对话框中，修改"接地母线"的属性：

构件名称：预留接地端子；

材质：扁钢；

规格型号：40 mm×4 mm；

起点标高：－0.55 m；

终点标高：—0.55 m。

识别防雷接地

复制构件　删除构件　直线绘制　回路识别　布置立管

	构件类型	构件名称	材质	规格型号	起点标高(m)	终点标高(m)
1	避雷针	避雷针	热镀锌钢管		层底标高	
2	避雷网	避雷网	热镀锌钢管	12	层底标高	层底标高
3	避雷网支架	支架	圆钢			
4	避雷引下线	避雷引下线	圆钢	16	-0.55	9.2
5	均压环	基础接地体	圆钢	16	-0.55	-0.55
6	接地母线	预留接地端子	扁钢	40*4	-0.55	-0.55
7	接地极	接地模块	角钢		层底标高	
8	筏基接地	筏板基础接地	圆钢		层底标高	
9	等电位端子箱	总等电位端子箱	铜排	160*75*45	层底标高+0.3	
10	等电位端子箱	局部等电位端子箱	铜排	160*75*45	层底标高+0.3	
11	辅助设施	接地跨接线	圆钢		层底标高	

图 4-9

(4)如图 4-10 所示，在"识别防雷接地"对话框中，修改"避雷引下线"的属性。

识别防雷接地

复制构件　删除构件　布置立管　识别引下线

	构件类型	构件名称	材质	规格型号	起点标高(m)	终点标高(m)
1	避雷针	避雷针	热镀锌钢管		层底标高	
2	避雷网	避雷网	热镀锌钢管	12	层底标高	层底标高
3	避雷网支架	支架	圆钢			
4	避雷引下线	避雷引下线	圆钢	16	-0.55	9.2
5	均压环	基础接地体	圆钢	16	-0.55	-0.55
6	接地母线	接地母线	扁钢	40*4	-0.55	-0.55
7	接地极	接地模块	角钢		层底标高	
8	筏基接地	筏板基础接地	圆钢		层底标高	
9	等电位端子箱	总等电位端子箱	铜排	160*75*45	层底标高+0.3	
10	等电位端子箱	局部等电位端子箱	铜排	160*75*45	层底标高+0.3	
11	辅助设施	接地跨接线	圆钢		层底标高	

图 4-10

构件名称：避雷引下线；

材质：圆钢；

规格型号：16 mm；

起点标高：−0.55 m；

终点标高：9.2 m。

（5）属性值修改完成后，识别基础接地体。在"识别防雷接地"对话框中，执行"基础接地体"→"回路识别"命令。在绘图区域内，鼠标左键点选红色的基础接体 CAD 图例线后，单击鼠标右键确认，识别完成，如图 4-11 所示。

	构件类型	构件名称	材质	规格型号	起点标高(m)	终点标高(m)
1	避雷针	避雷针	热镀锌钢管		层底标高	
2	避雷网	避雷网	热镀锌钢管	12	层底标高	层底标高
3	避雷网支架	支架	圆钢			
4	避雷引下线	避雷引下线	圆钢	16	-0.55	9.2
5	均压环	基础接地体	圆钢	16	-0.55	-0.55
6	接地母线	接地母线	扁钢	40*4	-0.55	-0.55
7	接地极	接地模块	角钢		层底标高	
8	筏基接地	筏板基础接地	圆钢		层底标高	
9	等电位端子箱	总等电位端子箱	铜排	160*75*45	层底标高+0.3	
10	等电位端子箱	局部等电位端子箱	铜排	160*75*45	层底标高+0.3	
11	辅助设施	接地跨接线	圆钢		层底标高	

图 4-11

（6）识别预留接地端子。鼠标左键单击"绘制"选项卡中的"防雷接地"，在弹出的"识别防雷接地"对话框中，执行"预留接地端子"→"回路识别"命令。在绘图区域内，鼠标左键点选8 段红色的预留接地端子 CAD 图例线后，单击鼠标右键确认。识别完成，如图 4-12 所示。

（7）识别引下线。鼠标左键单击"绘制"选项卡中的"防雷接地"，在弹出的"识别防雷接地"对话框中，执行"避雷引下线"→"布置立管"命令，如图 4-13 所示。

💡 内容拓展

通过"布置立管"命令绘制垂直的竖向构件，需要设置竖向立管的两端标高：一个起点标高(底标高)；一个终点标高(顶标高)。

通过"直线"命令绘制水平构件或用"识别"命令识别水平构件。如水平构件没有坡度，则绘制水平构件的起点和终点标高值一致。如水平构件有坡度，则绘制水平构件的起点和终点标高不一致。

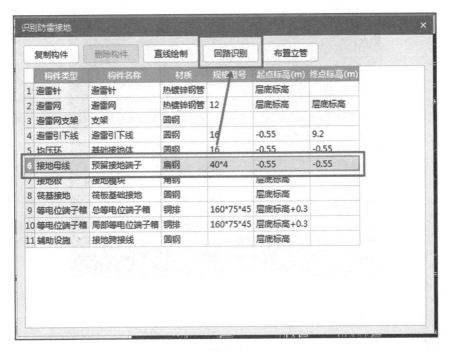

图 4-12

	构件类型	构件名称	材质	规格型号	起点标高(m)	终点标高(m)
1	避雷针	避雷针	热镀锌钢管		层底标高	
2	避雷网	避雷网	热镀锌钢管	12	层底标高	层底标高
3	避雷网支架	支架	圆钢			
4	避雷引下线	避雷引下线	圆钢	16	-0.55	9.2
5	均压环	基础接地体	圆钢	16	-0.55	-0.55
6	接地母线	预留接地端子	扁钢	40*4	-0.55	-0.55
7	接地极	接地模块	角钢		层底标高	
8	筏基接地	筏板基础接地	圆钢		层底标高	
9	等电位端子箱	总等电位端子箱	铜排	160*75*45	层底标高+0.3	
10	等电位端子箱	局部等电位端子箱	铜排	160*75*45	层底标高+0.3	
11	辅助设施	接地跨接线	圆钢		层底标高	

图 4-13

(8)"布置立管"命令激活后,弹出"立管标高设置"对话框,输入引下线的底标高为
-0.55 m,顶标高为9.2 m,然后在绘图区域引下线位置单击鼠标左键,完成一个引下线
的布置,继续在绘图区域布置剩余11处引下线,全部布置完成后,单击鼠标左键或按Esc
键退出命令,如图4-14所示。

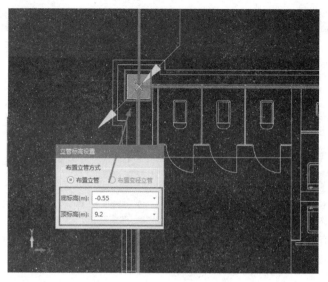

图 4-14

知识拓展

BIM 技术在应急管理中的应用：BIM 技术在抗击新冠肺炎疫情中大显身手

2020 年，一场突如其来的新型冠状病毒肺炎疫情袭击了我们。这场战役打响后，全国上下紧急动员，医疗物资严重短缺，病床更是一床难求。武汉市政府决定参照 2003 年北京小汤山非典医院模式，建造一座专门收治新型冠状病毒肺炎患者的医院。一座可容纳 1 000 张床位的火神山医院，1 月 24 日开始建设并于 2 月 2 日正式交付，总共用了 10 天建设完成，总建筑面积 3.39 万 m^2。1 月 25 日，武汉政府又加盖一所雷神山医院，并于 2 月 5 日交付使用。两所医院以小时计算的建设进度，在万众瞩目下演绎了新时代的中国速度。

同学们一定有个疑问，火神山医院、雷神山医院为什么能迅速完成？其实这两个医院的建设主要是采用了行业最前沿的装配式建筑和 BIM 技术，最大限度地采用拼装式工业化成品，大幅减少现场作业的工作量，节约了大量的时间。在 10 天建造工期中，BIM 和装配式技术应用的三大关键点如下：

(1)项目精细化管理使用 BIM 技术保证施工质量、缩短工期进度、节约成本、降低劳动力成本和增加废物减少。提高建设项目管理效率和沟通协作效率。所有关于参与者、建筑材料、建筑机械、规划和其他方面的信息都被纳入建筑信息模型，BIM 4D 和 BIM 5D 是基于模型的可交付成果，用于如构建等活动，存在能力分析、项目交付计划、材料需求计划和成本估算。

(2)仿真模拟。建筑性能优化利用 BIM 技术提前进行场布及各种设施模拟，按照医院建设的特点，对采光、管线布置、能耗分析等进行优化模拟，确定最优建筑方案和施工方案。

(3)参数化设计。可视化管控充分发挥了 BIM＋装配式建筑的优势，参数化设计、构件化生产、装配化施工、数字化运维，全过程都充分应用了 BIM 技术的优势，使项目的全生命周期都处于数字化管控之下，参数化设计、可视化交底、基于模型的竣工运维等。BIM 技术不仅提供有关建筑质量、进度及成本的信息，还实现了无纸化加工建造。

模块 3

室内建筑生活给水排水工程数字化建模计量

室内建筑生活给水排水工程数字化建模计量的特点及整体流程如下。

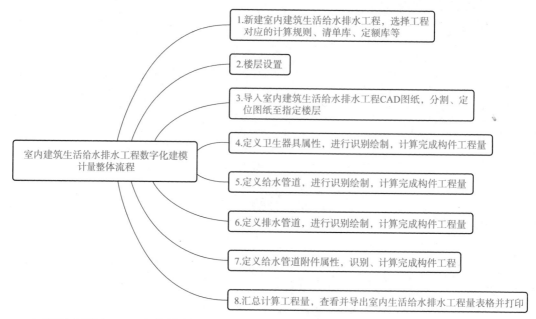

在使用广联达 BIM 安装计量 GQI2021 软件进行识别构件时，一定要按照图中序号 4、5、6、7 进行，如果不按这个流程，如先识别给水排水管道，再识别卫生器具，就会出现给水排水管道不连接卫生器具的情况，还要再单独生成竖向给水排水立管，大大增加工作量和操作时间，降低完成工作的效率。

项目 5

室内建筑生活给水排水工程数字化建模计量的准备工作

5.1　新建室内建筑生活给水排水单位工程

任务目标

1. 知识目标

(1)掌握 2017 年辽宁省通用安装工程定额库、清单规范；

(2)掌握建筑生活给水排水工程图纸基本信息；

(3)掌握工程楼层信息。

2. 能力目标

(1)根据图纸及工程要求，能够正确选择定额库、清单规范规则；

(2)根据图纸及工程要求，能够在软件中完善工程信息；

(3)根据图纸及工程要求，能够在软件中完成楼层设置。

3. 素养目标

(1)促进学生思路开阔、敏捷，培养实事求是、改革创新的态度；

(2)培养学生勤劳奉献、团结协作、环保意识。

任务描述

根据客户要求，依据《辽宁省通用安装工程计价依据(2017 版)》(计价定额)，完成正大集团公办楼工程的室内建筑生活给水排水系统的数字化建模计量工作。首先新建室内建筑生活给水排水系统单位工程，选择正确的专业、计价规则、清单库、定额库及算量模式，根据工程实际情况完善工程信息，完成楼层设置。

正大集团办公楼工程的建设地点为辽宁省,建筑面积为 2 030.34 m²,建筑高度为 8 m,建筑层数为二层,首层地面标高为 ±0.000 m,二层地面标高为 4.000 m,屋面标高为 8.000 m,屋面女儿墙标高为 9.200 m。结构形式为框架结构,基础形式为独立基础。根据相关行业规定及客户要求,采用辽宁省建设工程计价依据——《通用安装工程定额(2017版)》。在使用广联达 BIM 安装计量 GQI2021 软件完成正大集团办公楼工程室内建筑生活给水排水系统的数字化建模计量工作之前,先需要完成的前期准备工程,主要如下:

(1)启动软件后新建建筑生活给水排水单位工程,根据工程信息及客户要求正确选择工程专业、计价规则;

(2)正确选择清单库、定额库及算量模式;

(3)根据图纸信息,完善工程信息;

(4)根据图纸楼层信息,完成楼层设置。

5.1.1 新建室内建筑生活给水排水单位工程

【操作思路】

新建室内建筑生活给水排水单位工程的操作思路如图 5-1 所示。

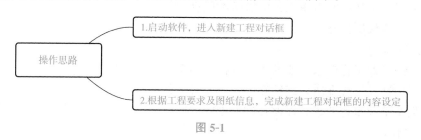

图 5-1

【操作流程】

(1)启动广联达 BIM 安装计量 GQI2021 软件,进入软件界面,单击"新建"按钮弹出"新建工程"对话框,根据工程实际情况,将工程名称、工程专业、计算规则、清单库、定额库、算量模式进行填写及选择,如图 5-2 所示。

(2)工程名称设定:在工程名称中填写"正大集团办公楼生活给排水工程",如图 5-3 所示。

(3)工程专业设定:工程专业选定时,鼠标左键单击后面三点的"浏览"按钮,在弹出的选择框中选择"给排水",并确认,如图 5-4 所示。

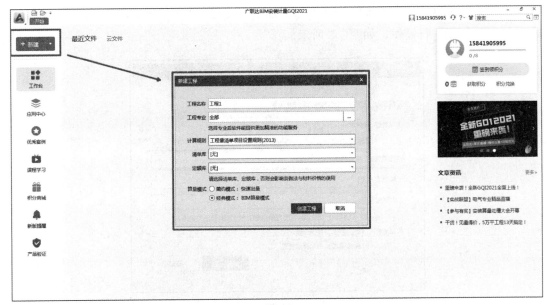

图 5-2

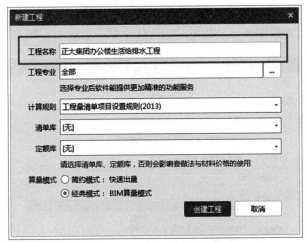

图 5-3

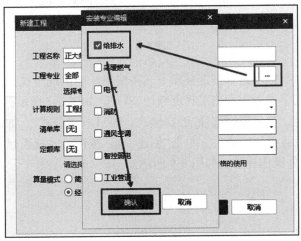

图 5-4

(4)计算规则设定：计算规则软件已经自动默认选择了最新的"工程量清单项目设置规则(2013)"，不用进行操作，如图5-5所示。

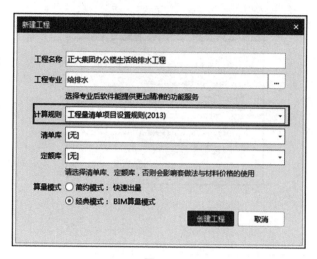

图5-5

(5)清单库设定：鼠标左键单击清单库下三角按钮，会出现下拉菜单，在下拉菜单中选择辽宁最新清单库"工程量清单计价规范(2017-辽宁)"，如图5-6所示。

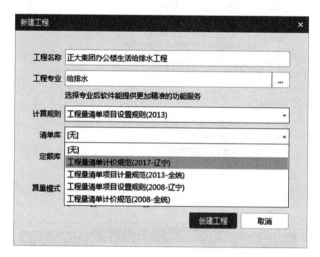

图5-6

(6)定额库设定：鼠标左键单击定额库下三角按钮，会出现下拉菜单，在下拉菜单中选择辽宁最新定额库"辽宁省通用安装工程定额(2017)"，如图5-7所示。

(7)算量模式设定：算量模式选择"经典模式：BIM算量模式"，如图5-8所示。

(8)创建工程：上述操作完成后，单击"创建工程"按钮，完成新建电气单位工程。创建工程完成后，进入软件操作界面，如图5-9所示。

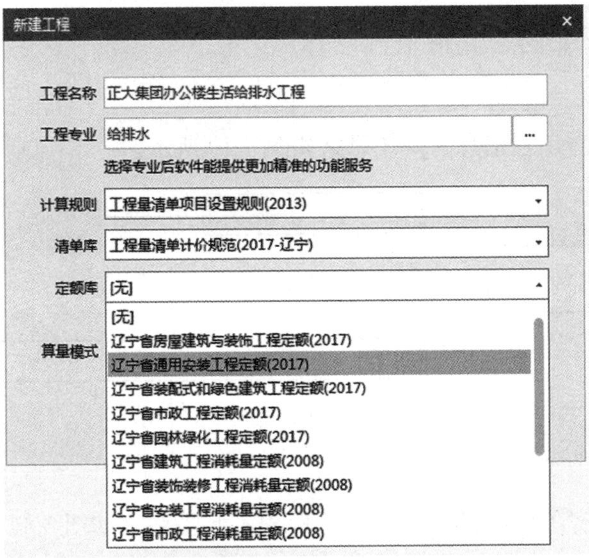
新建工程
工程名称 正大集团办公楼生活给排水工程
工程专业 给排水
选择专业后软件能提供更加精准的功能服务
计算规则 工程量清单项目设置规则(2013)
清单库 工程量清单计价规范(2017-辽宁)
定额库 [无]
算量模式
[无]
辽宁省房屋建筑与装饰工程定额(2017)
辽宁省通用安装工程定额(2017)
辽宁省装配式和绿色建筑工程定额(2017)
辽宁省市政工程定额(2017)
辽宁省园林绿化工程定额(2017)
辽宁省建筑工程消耗量定额(2008)
辽宁省装饰装修工程消耗量定额(2008)
辽宁省安装工程消耗量定额(2008)
辽宁省市政工程消耗量定额(2008)

图 5-7

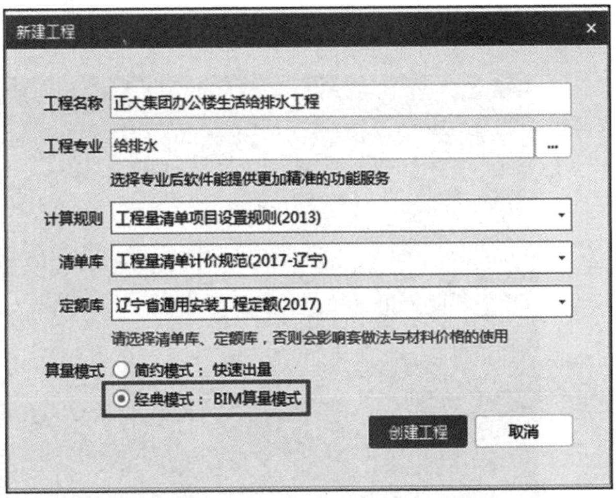
新建工程
工程名称 正大集团办公楼生活给排水工程
工程专业 给排水
选择专业后软件能提供更加精准的功能服务
计算规则 工程量清单项目设置规则(2013)
清单库 工程量清单计价规范(2017-辽宁)
定额库 辽宁省通用安装工程定额(2017)
请选择清单库、定额库，否则会影响套做法与材料价格的使用
算量模式 简约模式：快速出量
经典模式：BIM算量模式
创建工程
取消

图 5-8

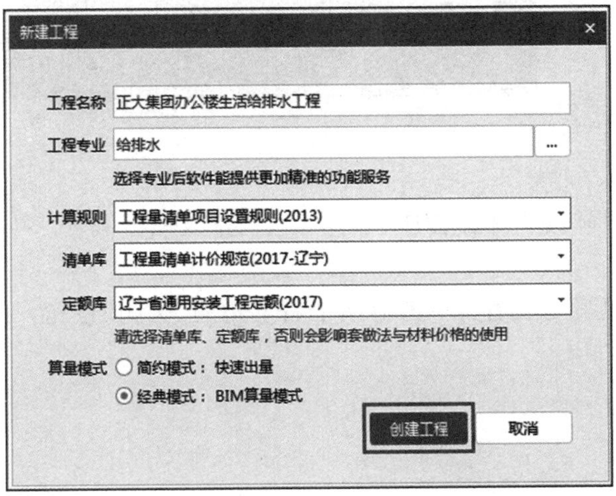
新建工程
工程名称 正大集团办公楼生活给排水工程
工程专业 给排水
选择专业后软件能提供更加精准的功能服务
计算规则 工程量清单项目设置规则(2013)
清单库 工程量清单计价规范(2017-辽宁)
定额库 辽宁省通用安装工程定额(2017)
请选择清单库、定额库，否则会影响套做法与材料价格的使用
算量模式 简约模式：快速出量
经典模式：BIM算量模式
创建工程
取消

图 5-9

5.1.2 根据图纸信息完善工程信息

【操作思路】

根据图纸信息完善工程信息的操作思路如图 5-10 所示。

图 5-10

【操作流程】

(1)鼠标左键单击"工程设置"功能包的"工程信息"按钮，如图 5-11 所示。

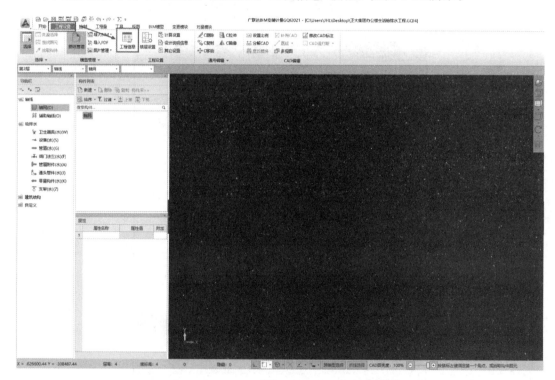

图 5-11

(2)在弹出的"工程信息"对话框中，根据工程要求及图纸信息，补充完善工程信息，如图 5-12 所示。

(3)"工程信息"填写完成后，单击对话框右上角的"关闭"按钮，即可关闭，如图 5-13 所示。

	属性名称	属性值
1	☐ 工程信息	
2	工程名称	正大集团办公楼电气照明插座系统工程
3	计算规则	工程量清单项目设置规则 (2013)
4	清单库	工程量清单计价规范 (2017-辽宁)
5	定额库	辽宁省通用安装工程定额 (2017)
6	项目代号	
7	工程类别	办公楼
8	结构类型	框架结构
9	建筑特征	矩形
10	地下层数 (层)	0
11	地上层数 (层)	2
12	檐高 (m)	8
13	建筑面积 (m2)	2030.34
14	☐ 编制信息	
15	建设单位	
16	设计单位	
17	施工单位	
18	编制单位	
19	编制日期	2020-08-08
20	编制人	
21	编制人证号	
22	审核人	
23	审核人证号	

图 5-12

	属性名称	属性值
1	☐ 工程信息	
2	工程名称	正大集团办公楼生活给排水工程
3	计算规则	工程量清单项目设置规则 (2013)
4	清单库	工程量清单计价规范 (2017-辽宁)
5	定额库	辽宁省通用安装工程定额 (2017)
6	项目代号	
7	工程类别	办公室
8	结构类型	框架结构
9	建筑特征	矩形
10	地下层数 (层)	0
11	地上层数 (层)	2
12	檐高 (m)	8
13	建筑面积 (m2)	2030.34
14	☐ 编制信息	
15	建设单位	
16	设计单位	
17	施工单位	
18	编制单位	
19	编制日期	2020-08-13
20	编制人	
21	编制人证号	
22	审核人	
23	审核人证号	

图 5-13

5.1.3 根据图纸信息进行楼层设置

【操作思路】

根据图纸信息进行楼层设置的操作思路如图 5-14 所示。

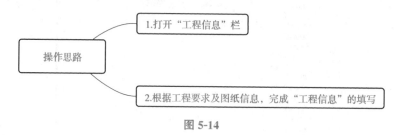

图 5-14

【操作流程】

（1）根据建筑施工图图纸，该办公楼工程建筑层数为二层，首层地面标高为±0.000 m，二层地面标高为 4.000 m，屋面标高为 8.000 m，屋面女儿墙标高为 9.200 m。鼠标左键单击"工程设置"功能包的"楼层设置"按钮，弹出"楼层设置"对话框，如图 5-15 所示。

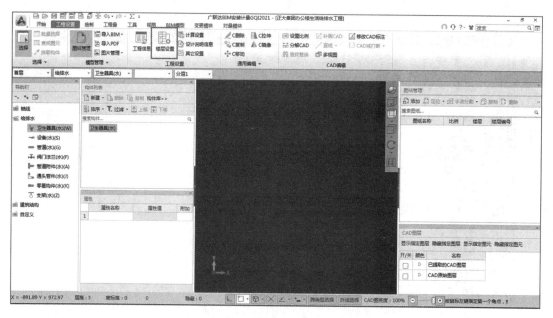

图 5-15

（2）在"楼层设置"对话框中，软件默认两个楼层；一个为基础层，一个为首层。鼠标左键单击首层行，再单击"插入楼层"按钮，即可在首层上面插入楼层，每单击一次"插入楼层"按钮即可插入一层，如图 5-16 所示。

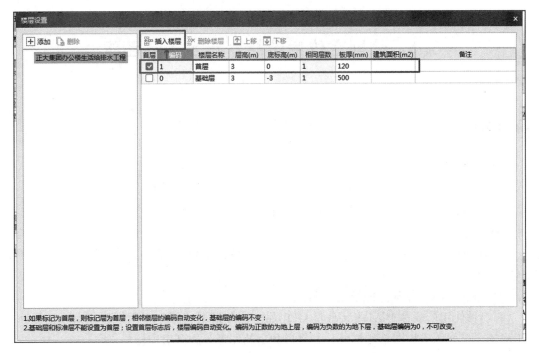

图 5-16

（3）楼层层高修改：首层地面标高为±0.000 m，二层地面标高为4.000 m，三层地面标高为8.000 m，屋面标高为9.200 m，则一层、二层的层高均为4 m，屋面层高为1.2 m。"楼层设置"填写完成后，单击对话框右上角的"关闭"按钮，即可关闭，如图5-17所示。

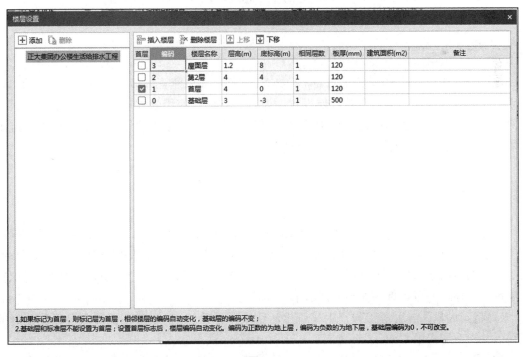

图 5-17

5.2 分割定位生活给水排水工程图纸

任务目标

1. 知识目标

(1)掌握建筑生活给水排水工程各个平面图的导入、设置比例;

(2)掌握建筑生活给水排水工程各个平面图的分割、定位。

2. 能力目标

(1)能够使用广联达 BIM 安装计量 GQI2021 软件在创建好的工程文件中导入电子版 CAD 施工图纸;

(2)检查导入 CAD 施工图纸的比例;

(3)能够使用广联达 BIM 安装计量 GQI2021 软件根据实际工程图纸将建筑生活给水排水工程各个平面图进行图纸的拆分,并将拆分后的图纸分配到对应楼层;

(4)能将拆分并分配到对应楼层的图纸进行统一定位。

3. 素养目标

(1)培养吃苦耐劳、较强的责任心,团队合作的意识,形成发现问题、解决问题的能力;

(2)培养学生的诚信意识、科学严谨的学习态度,以及调整与沟通能力。

任务描述

现已经使用广联达 BIM 安装计量 GQI2021 软件完成创建正大集团室内建筑生活给水排水系统工程,完成了工程信息及楼层设置,但是想要继续使用软件对正大集团室内建筑生活给水排水系统工程的构件进行识别计量,要先将正大集团室内建筑生活给水排水系统电子版 CAD 施工图导入软件,并进行图纸的分割、定位。

任务分析

通过查看正大集团办公楼工程室内建筑生活给水排水施工图可知,本工程电气工程图纸主要包括图例表,各个生活给水排水系统图,各层生活给水排水平面图,共 6 张图纸,而且所有的生活给水排水系统图、各层生活给水排水平面图都在一个 CAD 文件中,对识别绘制带来不便,所以,现在需要完成以下工作任务:

(1)将正大集团办公楼工程室内建筑生活给水排水系统 CAD 施工图导入已经创建好的工程,并检查导入的 CAD 图纸比例;

(2)将导入的正大集团室内建筑生活给水排水系统 CAD 施工图进行分割、分配至已经建立的对应楼层,并进行统一定位。

任务实施

5.2.1　在创建好的工程中导入 CAD 图纸

【操作思路】

在创建好的工程中导入 CAD 图纸的操作思路如图 5-18 所示。

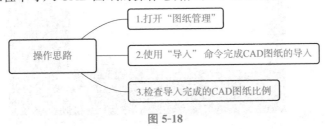

图 5-18

【操作流程】

(1)导入图纸是通过"图纸管理"栏目来完成，找到"图纸管理"栏目，如图 5-19 所示。

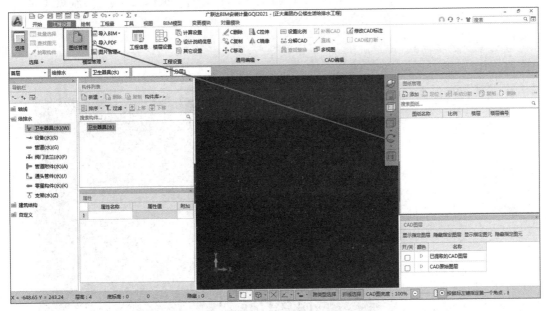

图 5-19

(2)鼠标左键单击"图纸管理"栏中的"添加"按钮。在弹出的"批量添加 CAD 图纸文件"对话框中，找到图纸路径，选择"正大集团办公楼给排水工程图纸"，图纸即导入软件。在图纸区域可以看到已经导入的图纸，如图 5-20 所示。

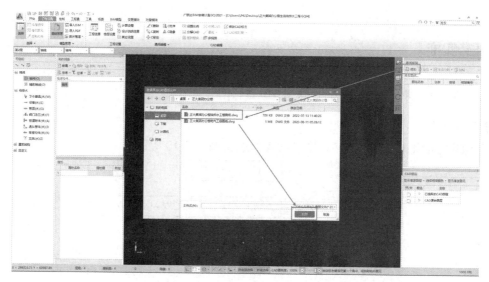

图 5-20

（3）检查导入的生活给水排水工程 CAD 施工图纸的比例。执行"工具"→"辅助工具"→"测量两点间距离"命令完成，如图 5-21 所示。

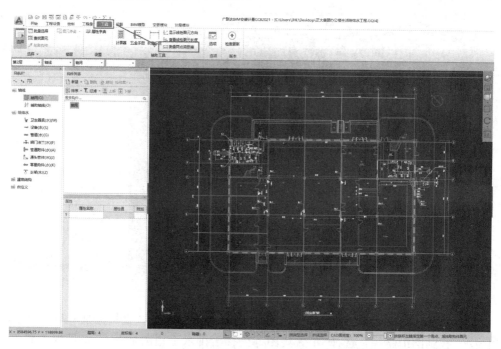

图 5-21

（4）执行"测量两点间距离"命令，在绘图区域找到图纸上任意的尺寸标注。鼠标左键单击尺寸标注的两个界线，测量其长度，单击鼠标右键确认，弹出"提示"对话框，显示所量长度值，如图 5-22 所示，如与尺寸标注数量一致，则该图纸比例正确。如果"提示"对话框显示所量长度值与尺寸标注数量不一致，则该图纸比例不正确，需要调整比例。修改比例方法同项目 2 中 2.2 分割定位电气工程图纸。

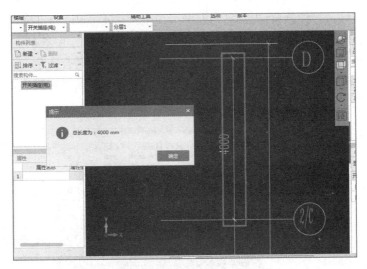

图 5-22

5.2.2 分割、定位室内建筑生活给水排水 CAD 施工图

【操作思路】

分割、定位室内建筑生活给水排水 CAD 施工图的操作思路如图 5-23 所示。

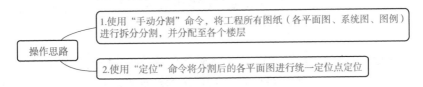

图 5-23

【操作流程】

(1)导入电子 CAD 图纸后,所有各层平面图、系统图和详图都在一个界面,需要对图纸进行拆分分割,并将拆分分割后的图纸分配至对应楼层。以一层给水排水及消防平面图为实例进行讲解。鼠标左键单击图纸管理栏中的"手动分割"按钮,激活命令,如图 5-24 所示。

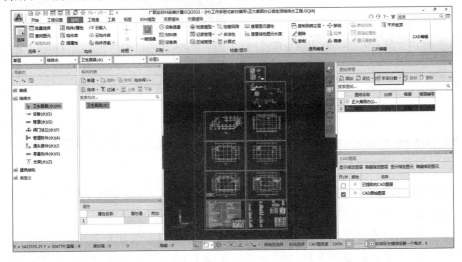

图 5-24

161

（2）在绘图区域通过控制鼠标滚轮，找到"一层给水排水及消防平面图"，对图纸进行框选，在需要选定图纸的左上角，按住鼠标左键不放，拉框至选定图纸的右下角，松开鼠标左键。"一层给水排水及消防平面图"即被选中。选中后，原图会变色，证明已经被选中，如图 5-25 所示。框选"一层给水排水及消防平面图"后，单击鼠标右键确认，弹出"请输入图纸名称"对话框。

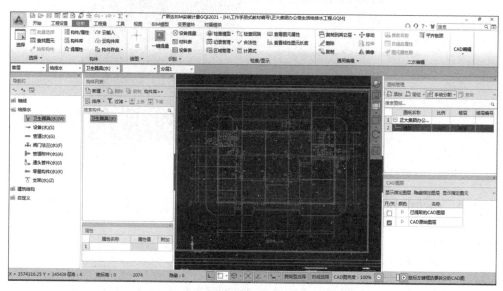

图 5-25

（3）在"请输入图纸名称"对话框中，完成图纸名称及分配的楼层。鼠标左键单击"识别图名"，然后通过控制鼠标滚轮，找到图纸中"一层给水排水及消防平面图"中的文字字样，鼠标左键单击文字，单击鼠标右键确认，图纸名称即生成，如图 5-26 所示。下一步进行楼层分配。

（4）因为一层给水排水及消防平面图隶属于首层，所以，需要将其分配至首层。在"楼层选择"中的下拉菜单中，点选首层即可，如图 5-27 所示。鼠标单击"确定"按钮，"一层电力干线平面图"就分割完成并分配至首层。

图 5-26

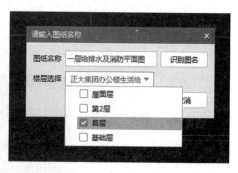

图 5-27

（5）被分割分配出来的图纸外面有黄色的方框。同时，在图纸管理中模型的下面产生"一层给水排水及消防平面图"，图纸分割、分配成功，如图 5-28 所示。

（6）"一层给水排水及消防平面图"被分割分配至首层后，需要对其进行定位，定位点一般选择每张图纸都共有的轴线与轴线的交点。鼠标左键单击图纸管理中的"定位"按钮，激活"定位"命令后，鼠标左键单击"交点"按钮，如图 5-29 所示。

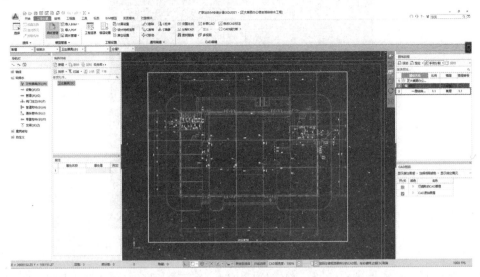

图 5-28

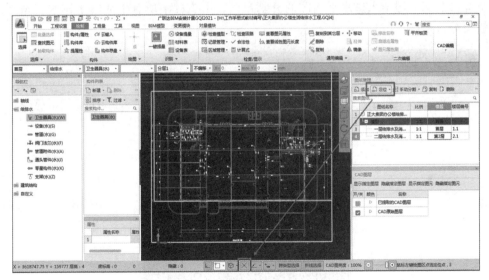

图 5-29

（7）以①轴与①轴的交点为定位点，分别点选一层给水排水及消防平面图中①轴与①轴，在①轴与①轴的交点处产生一个红色叉号，即交点已经找到，单击鼠标右键确认该定位点，定位成功，如图 5-30 所示。

（8）如果定位点选择或生成错误，可以进行删除，然后重新进行定位。鼠标左键单击"定位"按钮右侧的下拉菜单，出现"删除定位"按钮，鼠标左键单击"删除定位"按钮，找到并单击选定错误定位点后（定位点颜色发生变化，证明已经选定），单击鼠标右键确定，定位点就会被删除，如图 5-31 所示。

（9）根据正大集团办公楼工程室内建筑生活给水排水图纸，本图纸除一层、二层给水排水平面图外，还有 1 号卫生间给水排水详图与 2 号卫生间给水排水详图，1 号卫生间位于 1 层，2 号卫生间位于 1 层和 2 层，所以，还要将 1 号卫生间给水排水详图分割定位后分配

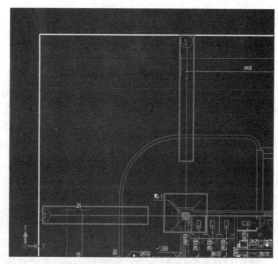

图 5-30

至首层，2号卫生间给水排水详图分割定位后同时分配至首层和二层。所有图纸定位点要统一，具体方法同一层给水排水平面图的分割定位。本工程中所有生活给水排水管道系统图不用进行分割定位。

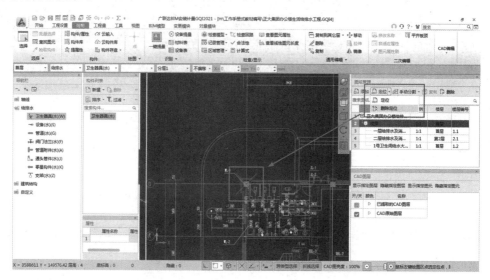

图 5-31

建筑生活给水排水图纸分配见表 5-1。

表 5-1

分配楼层	图纸名称
首层	一层给水排水及消防平面图
	1号卫生间给水排水详图
	2号卫生间给水排水详图
二层	二层给水排水及消防平面图
	2号卫生间给水排水详图

项目 6
室内建筑生活给水排水工程数字化建模算量

在室内建筑生活给水排水工程建模算量准备工作完成后，就可以开始使用广联达 BIM 安装计量 GQI2021 软件进行建模算量，使用软件建模算量和使用图纸手工算量需要列项计算的分部分项工程量是一样的，主要计算以下分部分项工程量：

(1)卫生器具；

(2)生活给水管道；

(3)生活排水管道；

(4)给水附件(阀门、水表等设备)；

(5)穿楼板及墙的套管。

进行识别建模算量时，应按上面的顺序进行。现在开始讲解使用广联达 BIM 安装计量 GQI2021 软件对室内建筑生活给水排水工程等进行识别建模算量。

6.1　识别卫生器具

⊕ 任务目标

1. 知识目标

(1)掌握"一键提量"命令；

(2)掌握卫生器具属性修改。

2. 能力目标

能够使用广联达 BIM 安装计量 GQI2021 软件中的"一键提量"命令，快速创建卫生器具并进行识别。

3. 素养目标

(1)培养学生遵守定额规则、有理有据、公平处理的意识，树立正确的职业道德；

(2)培养学生具有吃苦耐劳的精神、较强的责任心，团队合作的意识，形成发现问题、解决问题的能力。

⊕ 任务描述

使用广联达 BIM 安装计量 GQI2021 软件进行室内建筑生活给水排水工程量识别建模计

算时，先进行各种卫生器具的识别绘制。使用软件在识别绘制之前，完成各种卫生器具的定义、识别。

任务分析

使用广联达 BIM 安装计量 GQI2021 软件进行室内建筑生活给水排水工程识别建模计算时，先进行卫生器具的识别绘制。使用软件在识别绘制之前，要首先新建定义各种卫生器具，卫生设备新建定义可以采用识别给水排水施工图中图例符号表，也可以逐个地对卫生器具新建定义，因为本工程生活给水排水工程施工图中没有卫生器具图例符号表，所以采用逐个对卫生器具新建定义的方法，但这种方法太麻烦，可以采用"一键提量"命令，快速创建卫生器具并进行识别。

根据识读正大集团办公楼工程给水排水施工图，本工程卫生器具的信息见表 6-1。

表 6-1

序号	卫生器具名称	图例	安装高度（距楼层地面高度）
1	洗面盆 1	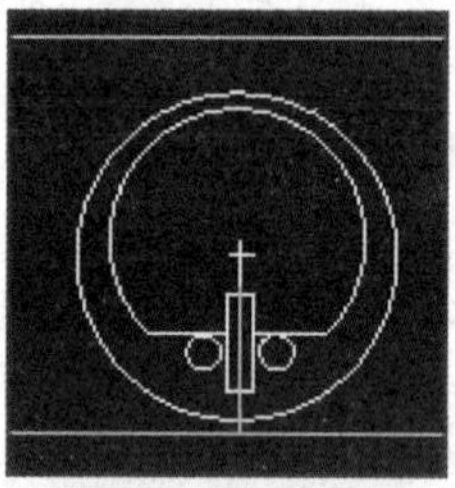	0.45 m
	洗面盆 2	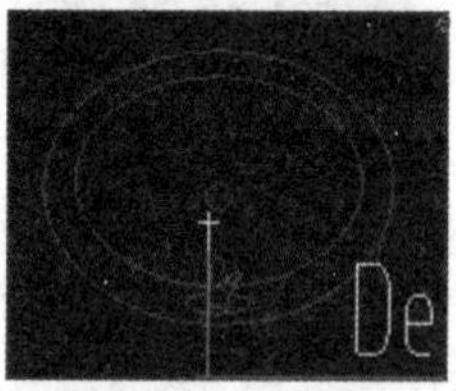	0.45 m
2	蹲式大便器	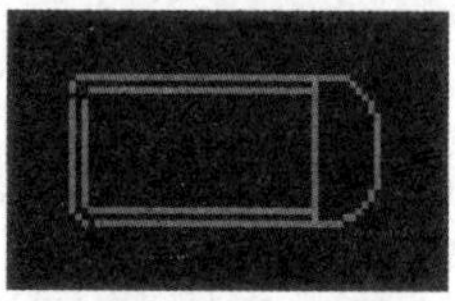	0.40 m
3	坐式大便器	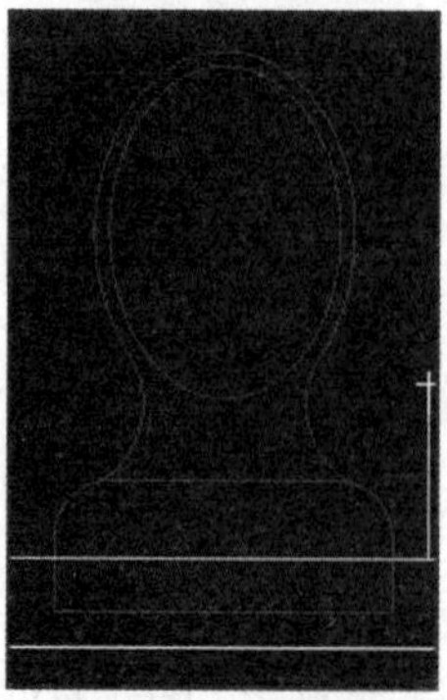	0.15 m

序号	卫生器具名称	图例	安装高度（距楼层地面高度）
4	立式小便器		1.15 m
5	拖布池		1 m
6	普通地漏		楼层地面标高
7	洗衣机地漏		楼层地面标高
8	清扫口		楼层地面标高

【操作思路】

识别卫生器具的操作思路如图 6-1 所示。

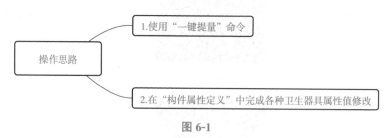

图 6-1

【操作流程】

(1)执行"绘制"→"卫生器具(水)"→"一键提量"命令,如图 6-2 所示。

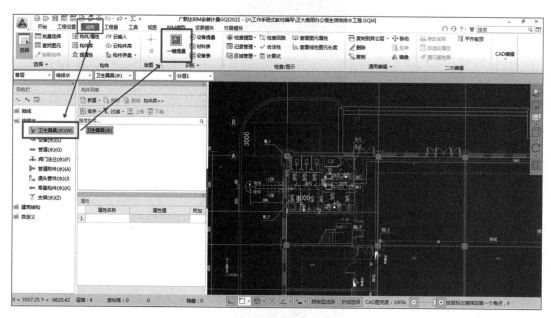

图 6-2

(2)"一键提量"命令激活后,在绘图区域提示"请隐藏无关 CAD 图层,右键确认或 ESC 退出",在绘图区域任意点选与卫生器具无关的 CAD 图层(建筑构件 CAD 图例、线管道图 例线等),单击鼠标右键确认,如图 6-3 所示。

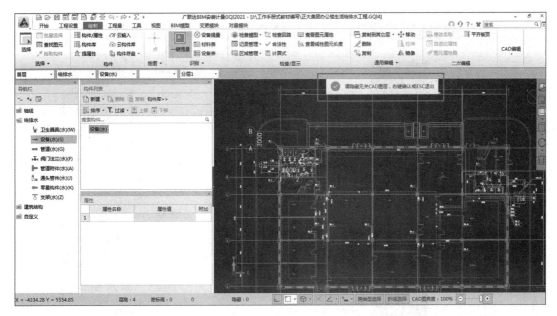

图 6-3

💡 **内容拓展**

"请隐藏无关 CAD 图层，右键确认或 ESC 退出"这个提示主要将不是卫生器具的图层图例线给隐藏后，能更好地对卫生器具图层的图例进行识别，有时直接单击鼠标右键确认，也可以识别出卫生器具的图例。

(3)单击鼠标右键确认后，弹出"构件属性定义"对话框。在此对话框中，依据室内生活给水排水施工图的信息，只保留卫生器具的图例，并对每种卫生器具的名称、类型、标高进行属性值修改，如图 6-4 所示。

(4)属性值修改完成后，鼠标左键单击对话框中的"选择楼层"，将首层和第 2 层都点选上，然后确定，如图 6-5 所示。

(5)在"构件属性定义"对话框中，属性值和选择楼层完成设置后，鼠标左键单击"确认"按钮，如图 6-6 所示。

(6)确认后，卫生器具识别完成，并弹出"设备表"对话框，显示各种卫生器具的数量。同时在卫生器具构件列表中，反建定义出卫生器具。

(7)由于拖布池在施工图纸中不是 CAD 块，所以，在"一键提量"功能中拖布池没有被识别出来，需要单独创建并识别。在"绘制"选项卡中，执行"卫生器具"→"新建"→"新建卫生器具"命令，如图 6-7 所示。

(8)默认新建了一个台式洗脸盆，如图 6-8 所示。

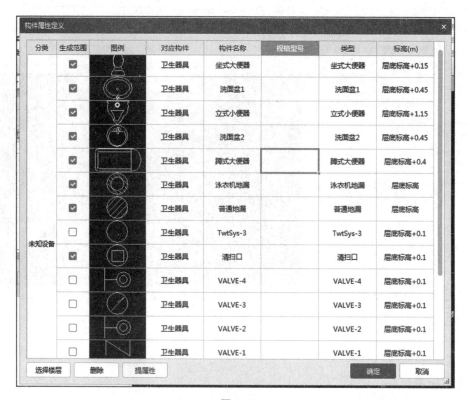

图 6-4

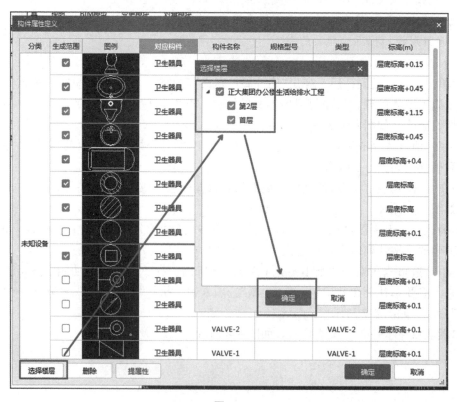

图 6-5

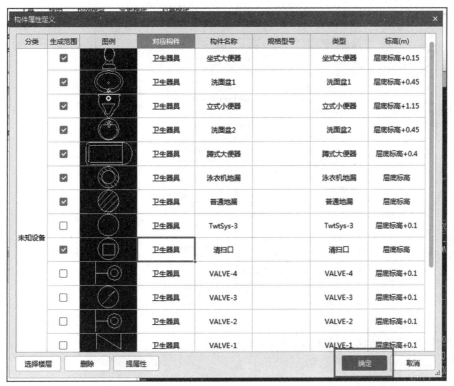

图 6-6

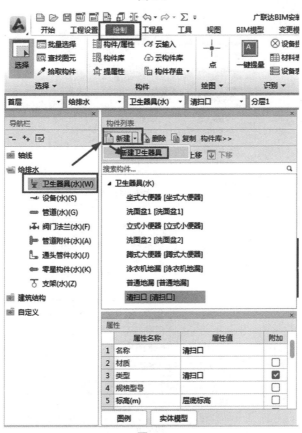

图 6-7

图 6-8

(9)修改台式洗脸盆的属性值,如图 6-9 所示:

名称:拖布池;

类型:拖布池;

标高:层底标高+1。

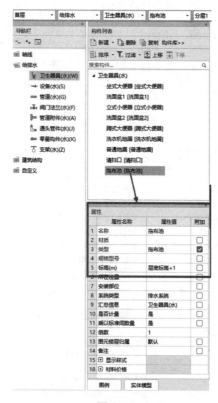

图 6-9

（10）识别拖布池。执行"拖布池"→"设备提量"命令，然后点选绘图区域中的拖布池CAD图例，由于拖布池在施工图纸中不是CAD块，所以要逐个点选构成拖布池图例的CAD线。单击鼠标右键确认，识别完成，如图6-10所示。

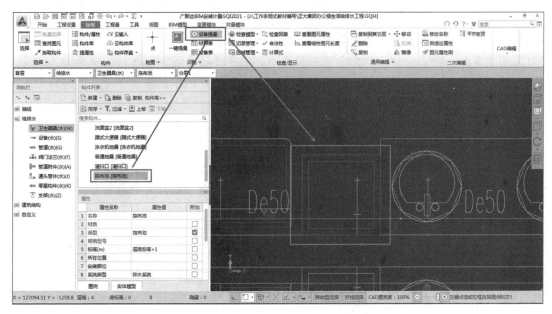

图 6-10

（11）将首层中已经识别完成的1号卫生间给水排水详图和2号卫生间给水排水详图中卫生器具属性中"是否计量"修改为"否"。鼠标左键点选导航栏中的"卫生器具"，单击"选择"按钮，然后框选两个详图，如图6-11所示。

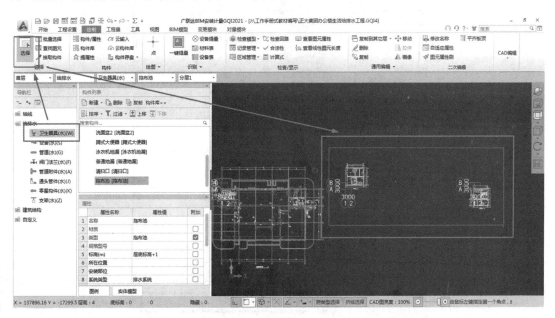

图 6-11

在首层导入的图纸中，包括一层给水排水平面图、1 号卫生间给水排水详图和 2 号卫生间给水排水详图，这些图纸中都有卫生器具图例，使用"一键提量"命令时全部识别计量。但这样识别计量的工程量是不正确的，因为平面图中的卫生器具和详图中的卫生器具是重复显示的，这样计算出现的工程量多，需要进行修改。但是，这种修改不能将详图或平面图上的已经识别完成的卫生器具删除，删除后，给水排水管道无法连接卫生设备。可以将不需要重复计量的卫生器具属性值中"是否计量"，由"是"改为"否"。这种修改，即不删除卫生器具，但识别出来后不计算工程量，保护给水排水管道与卫生器具的连接。

框选 1 号卫生间给水排水详图和 2 号卫生间给水排水详图，就是把 2 个详图中的所有卫生器具都选中了，这时再修改属性值，修改的是详图中的卫生器具属性，而平面图中的卫生器具属性没有被修改（没有被选中）。

(12)框选后，在属性栏中，将"是否计量"由"是"改为"否"，如图 6-12 所示。则一层详图中的所有卫生器具都是只识别，不计量。这时，详图中的卫生器具构件图元改为红色。二层的详图修改方法同一层。

图 6-12

(13)使用"漏量检查"命令，检查没有遗漏识别的卫生器具。单击"检查模型"，在下拉菜单中单击"漏量检查"，在弹出的"漏量检查"对话框中单击"检查"按钮，汇总计算工程量，如图 6-13 所示。

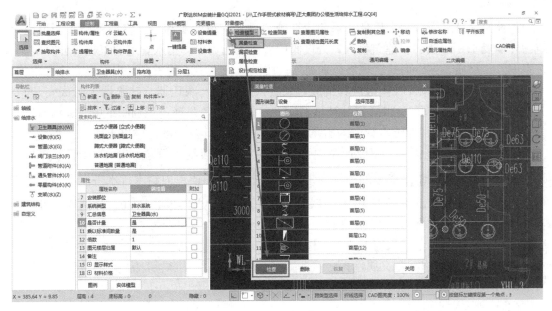

图 6-13

6.2 识别生活给水管道

🎯 任务目标

1. 知识目标
(1)掌握"新建管道"命令，并对管道属性值进行修改；
(2)掌握"给水管道识别"命令。

2. 能力目标
(1)能使用广联达 BIM 安装计量 GQI2021 软件完成新建给水管道并定义属性；
(2)能使用广联达 BIM 安装计量 GQI2021 软件完成识别给水干管、立管、支管。

3. 素养目标
(1)培养学生客观、公平、公正的工作态度；
(2)培养学生遵守定额规则，有理有据，公平处理的意识，树立正确的职业道德。

🎯 任务描述

使用广联达 BIM 安装计量 GQI2021 软件完成各种卫生器具的定义、识别后，进行给水管道的新建、定义属性，然后完成给水干管、立管、支管的识别计量。

计算给水排水管道的工程量。手动计算给水排水管道的工程量，室内外给水管道以建筑物外墙皮 1.5 m 为界，建筑物入口处设阀门者以阀门为界。给水管道的工程量计算规则：按室内外、材质、连接形式、规格分别列项，按设计管道中心线长度，以"m"为计量单位，不扣除阀门、管件、附件(包括器具组成，采暖入口装置、减压器、疏水器等组成安装)及井类所占长度。在广联达 BIM 安装计量 GQI2021 软件中，是通过识别图纸中代表给水管道的 CAD 图例线，识别为给水管道的图元后，在根据图元计算长度，得出工程量。

识读室内给水排水施工图设计说明可知，本工程生活给水管道采用 PPR 管，热熔连接。在图纸中，生活给水管道的图例线为：███─┘██。识读室内给水排水平面图和系统图可知，本工程给管道的管径有 $De63$、$De50$、$De40$、$De32$、$De25$、$De20$，分别连接各卫生器具。支管在卫生间内沿地面面层内敷设。

现在进行识别生活给水管道，主要任务如下：

(1)新建给水管道并定义属性；
(2)识别给水干管；
(3)识别给水立管；
(4)识别给水支管。

6.2.1 新建给水管道并定义属性

【操作思路】
新建给水管道并定义属性的操作思路如图 6-14 所示。

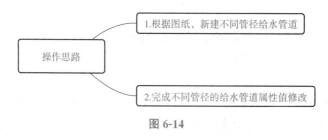

图 6-14

【操作流程】
(1)根据给水排水施工图可知，给水管道采用 PPR 管，热熔连接，管径有 $De63$、$De50$、$De40$、$De32$、$De25$、$De20$。以 $De63$ 为例。执行"绘制"→"管道(水)"→"新建"→"新建管道"命令，如图 6-15 所示。

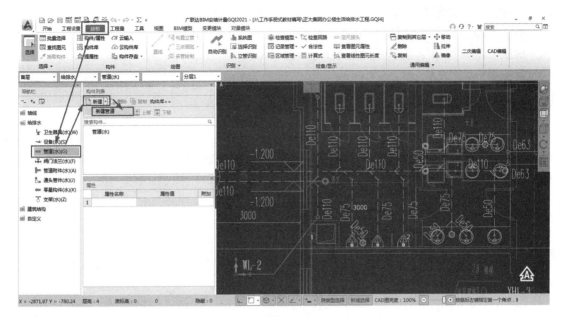

图 6-15

(2)默认新建一个给水管道，将默认新建的给水管道属性值改为给水管道 De63 的属性，如图 6-16 所示。

	属性名称	属性值	附加
1	名称	给水管道De63	
2	系统类型	给水系统	☑
3	系统编号	(G1)	☐
4	材质	给水用PP-R	☑
5	管径规格(mm)	63	☑
6	外径(mm)	(63)	☐
7	内径(mm)	(42)	☐
8	起点标高(m)	层底标高	☐
9	终点标高(m)	层底标高	☐
10	管件材质	(塑料)	☐
11	连接方式	(热熔连接)	☐

图 6-16

名称：给水管道 $De63$；

系统类型：默认为给水系统，不用修改；

材质：默认是 PPR 管，不用修改；

管径规格：$De63$；

起点标高：默认值，不用修改；

终点标高：默认值，不用修改。

按照上述方法，分别新建 $De50$、$De40$、$De32$、$De25$、$De20$ 管道并定义其属性。在新建 $De50$、$De40$、$De32$、$De25$、$De20$ 管道时，也可以在选定"给水管道 $De63$"后，单击鼠标右键，执行"复制"命令，复制后修改对应的管道属性。

💡 内容拓展

在新建管道并定义其属性时，一定要使用"管径规格"修改决定管道管径，不要只将"名称"修改为管径，也要将"管径规格"修改为对应管径。

6.2.2　识别给水干管

【操作思路】

识别给水干管的操作思路如图 6-17 所示。

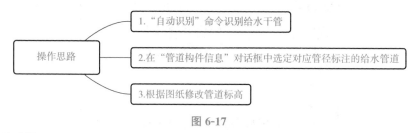

图 6-17

【操作流程】

（1）在首层，绘图区域中找到给水管道干管。绿色 CAD 图例线加字母 J 代表给水管道，给水干管管径为 $De63$。使用"自动识别"命令识别给水干管。鼠标左键单击"自动识别"按钮，命令激活后，在绘图区域中，点选给水干管 CAD 图例线和管径标注 $De63$，如图 6-18 所示。

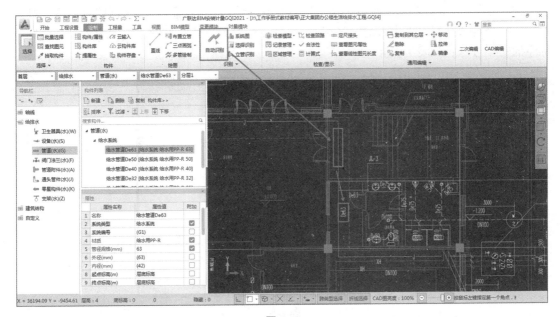

图 6-18

> 💡 **内容拓展**
>
> 　　点选给水管道 CAD 图例线时，一定要检查是否有多选或漏选，如多选可剔除，如漏选可补选。
>
> 　　如果把 $De63$ 的管径标注也点选上，识别时自动判断管道管径。
>
> 　　除自动识别外，还可以使用选择识别，这种方法需要一段一段地点选全部给水管道 CAD 图例线，没有自动识别方便快捷。
>
> 　　还可以使用"直线"命令进行绘制给水管道，但效率不高，使用较少。

　　(2)由于室内外管道划分如有阀门者，以阀门为分界点，所以，阀门右侧的给水管道 CAD 图例线点选掉，如图 6-19 所示。阀门左侧的给水管道属于室内给水管道，阀门右侧的给水管道属于室外给水管道。

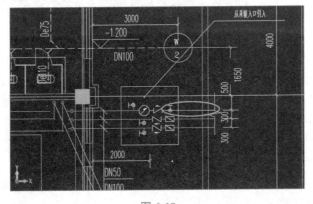

图 6-19

（3）一层给水干管点选完成后，单击鼠标右键确认，弹出"管道构件信息"对话框，有两行：一行是自动判断识别出来的管径 $De63$；另一行是没有识别出来管道管径的"没有对应标注的管线"，如图 6-20 所示。

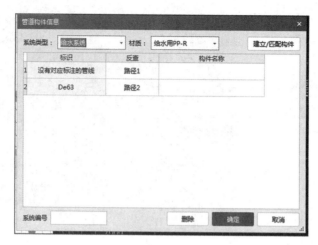

图 6-20

（4）由于给水干管都为 $De63$，所以，两行构件名称都应该选择 $De63$。鼠标左键单击构件名称中的三点"浏览"按钮，在弹出的"选择要识别成的构件"对话栏中点选"给水管道 $De63$"，然后单击"确定"按钮，如图 6-21 所示。

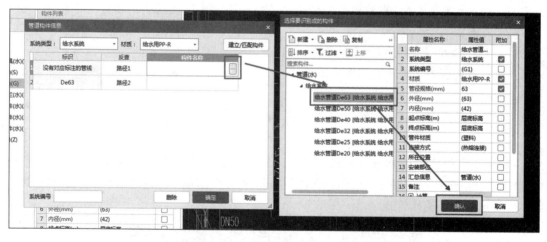

图 6-21

（5）第二行的点选操作同上。然后，单击"确定"按钮，如图 6-22 所示。

（6）确定后，一层给水干管识别完成。根据系统图可知，给水干管进行建筑物内部后，标高由 -2.000 m 提升至 -1.000 m，如图 6-23 所示。而刚才识别的给水干管的标高均为层底标高，与实际工程不符，需要修改。

（7）在绘图区域内点选 -2.000 m 标高的给水干管图元，然后将属性值中的起点标高和终点标高值都改为 -2.000，如图 6-24 所示。

（8）修改完成后，在三维动态视角下，可以看到所选给水干管图元已经降下，并与标高未弯的管道图元之间自动生成立管，如图 6-25 所示。

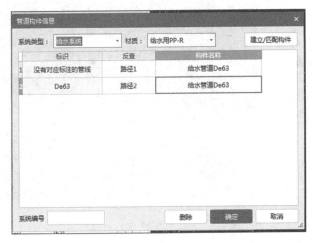

图 6-22

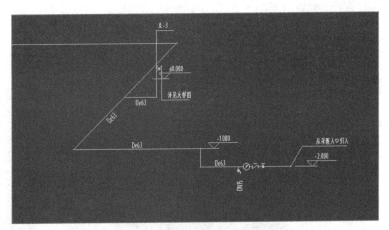

图 6-23

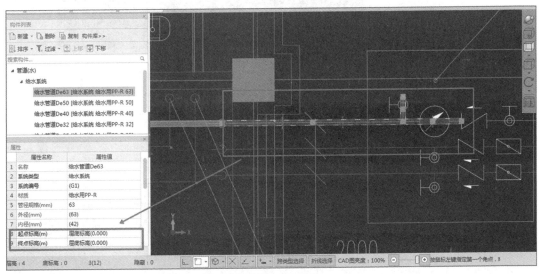

图 6-24

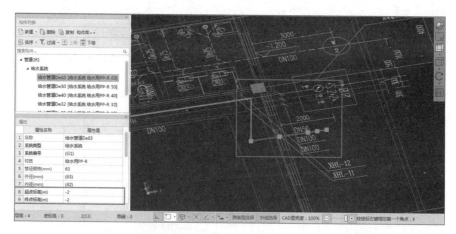

图 6-25

（9）在绘图区域内点选－1.000 m 标高的给水干管图元，然后将属性值中的起点标高和终点标高值都修改为－1.000，如图 6-26 所示。修改完成后，一层水平干管识别完成。

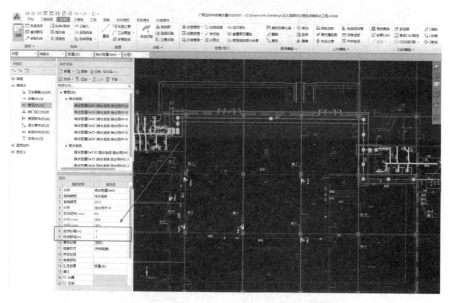

图 6-26

6.2.3　识别给水立管

【操作思路】

识别给水立管的操作思路如图 6-27 所示。

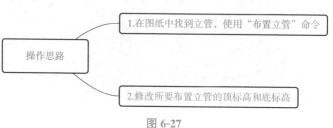

图 6-27

【操作流程】

(1)识读室内生活给水排水图纸可知,共有 3 个给水立管,分别为 JL-1、JL-2 和 JL-3。JL-1、JL-2 和 JL-3 立管的底标高均为−1.000 m。JL-1、JL-2 立管的顶标高为 4.25 m;JL-3 立管的顶标高为 0.25 m。同时,所有给水立管管径均为 De63。

执行"管道(水)"→"给水管道 De63"命令,如图 6-28 所示。

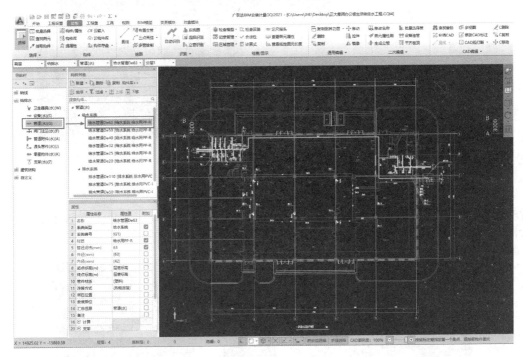

图 6-28

💡 **内容拓展**

因为给水立管是 De63 的,要识别为"给水管道 De63",所以,要先点选构件列表中名称为"给水管道 De63"的管道。

(2)执行"布置立管"命令,弹出"立管标高设置"对话框,将底标高改为−1 m,顶标高改为 4.25 m。然后,在 JL-1 立管的位置单击鼠标左键,在该位置布置立管。JL-1 立管布置完成,如图 6-29 所示。同样的方法布置 JL-2 和 JL-3 立管。

💡 **内容拓展**

立管可以跨层布置,可以一次识别多层同一位置立管。

(3)如果给水立管与给水干管没有连接,如图 6-30 所示,在连接处没有弯头形成。需要延长水平干管。

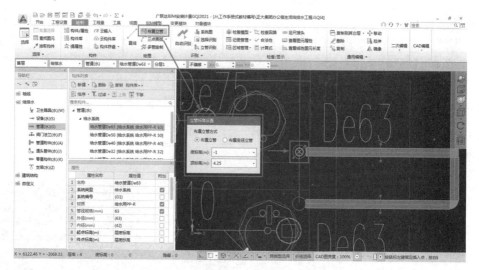

图 6-29

（4）鼠标左键点选水平干管，并把光标移动至水平干管的端头处，鼠标左键单击水平干管的端头处，向立管的中心点拖拽。拖拽至立管中心点后，鼠标左键单击立管中心点，完成拖拽。给水水平干管与立管连接完成，连接处形成弯头，如图 6-31 所示。

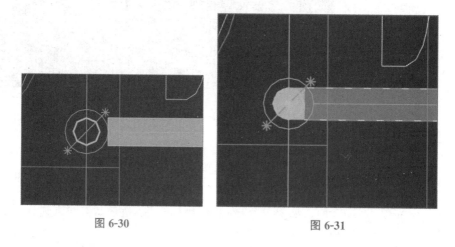

图 6-30　　　　　　　　　　　　　图 6-31

6.2.4　识别给水支管

【操作思路】

识别给水支管的操作思路如图 6-32 所示。

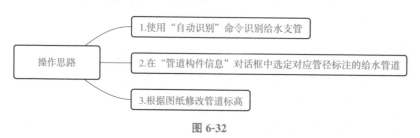

图 6-32

【操作流程】

(1)识读室内生活给水排水图纸可知,由 JL-1、JL-2 和 JL-3 立管分出给水支管至 1 号卫生间和 2 号卫生间。给水支管的水平走向、空间走向及管径变化、标高都显示在 1 号卫生间详图和 2 号卫生间详图及对应的系统图中。给水支管的管径变化包括 $De50$、$De40$、$De32$、$De25$、$De20$,已经定义完成。标高主要为埋地敷设。下面以 1 号卫生间给水支管为例进行讲解。

使用"自动识别"命令识别给水支管。鼠标左键单击"自动识别"按钮,命令激活后,在绘图区域的 1 号卫生间详图中点选任意一段给水支管的 CAD 图例线和任意一个管径标注,如图 6-33 所示。

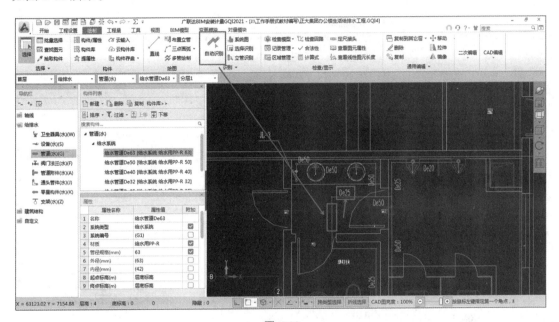

图 6-33

(2)点选完成检查无误后,单击鼠标右键确认。确认后,弹出"管道构件信息"对话框。在"管道构件信息"对话框中,应该将标识的管线对应相应的构件名称,例如 $De50$ 对应的构件名称应该是之前定义的 $De50$ 的管。"没有对应标注的管线"是软件在详图中没有识别出标识的。也可以通过单击路径,实现反查给水支管各段所对应的管径是否正确。"管道构件信息"对话框中标识 $De50$ 管构件名称的修改,如图 6-34 所示。

(3)"管道构件信息"对话框中标识 $De25$ 管构件名称的修改,如图 6-35 所示。

(4)"管道构件信息"对话框中标识 $De20$ 管构件名称的修改,如图 6-36 所示。

(5)没有对应标注的管线先不选择,等反查路径之后再确定,如图 6-37 所示。

(6)反查 $De50$ 的路径。

鼠标左键单击路径中的三点按钮,然后在绘图区域中通过鼠标左键点选 CAD 图例线来添加属于 $De50$ 的管和剔除不属于 $De50$ 的管。图中为修改后选中的 $De50$ 管。单击鼠标右键确认,如图 6-38 所示。

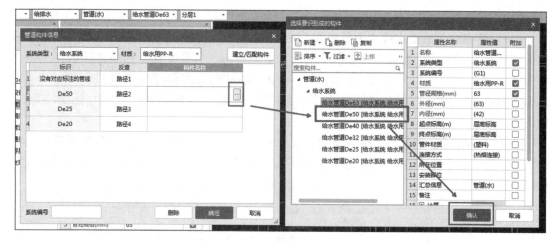

图 6-34

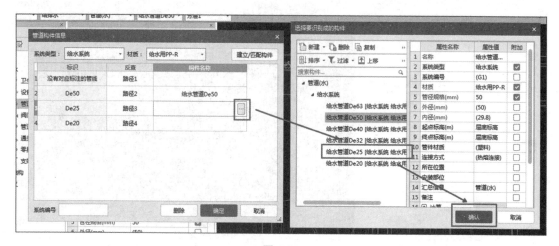

图 6-35

图 6-36

图 6-37

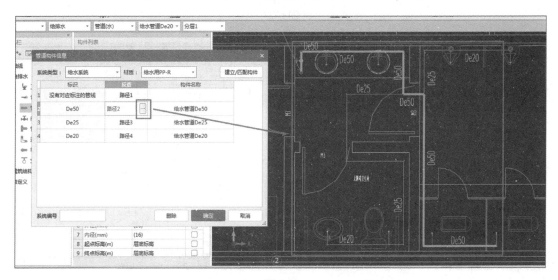

图 6-38

（7）反查 $De25$ 的路径。鼠标左键单击路径中的三点"浏览"按钮，然后在绘图区域中通过鼠标左键点选 CAD 图例线来添加属于 $De25$ 的管和剔除不属于 $De25$ 的管。图中为修改后选中的 $De25$ 管。单击鼠标右键确认，如图 6-39 所示。

（8）反查"没有对应标注的管线"路径。发现没有对应标注的管线路径均为 $De20$，所以将"没有对应标注的管线"定义为 $De20$ 管，如图 6-40 所示。

（9）"管道构件信息"对话框中构件名称定义和反查路径完成后，鼠标左键单击"确定"按钮，如图 6-41 所示。确定后，1 号卫生间给水支管识别完成。

（10）修改部分管道标高。根据系统图，红色线框内的管道标高为 0.25 m。鼠标左键点选该管段图元，然后在属性栏中的起点标高和终点标高都改为 0.25 m，如图 6-42 所示。全部操作完成后，三维动态视角下查看 1 号卫生间给水支管，可以看到给水支管已经自动连接卫生器具。有时，识别完成后会出现连接不正确情况，需要根据图纸进行修改。

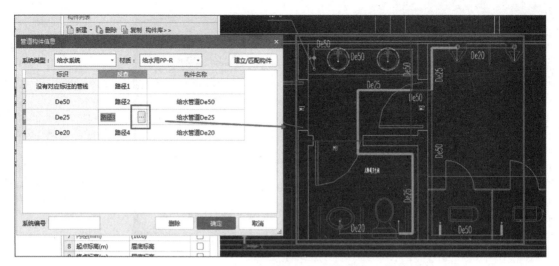

图 6-39

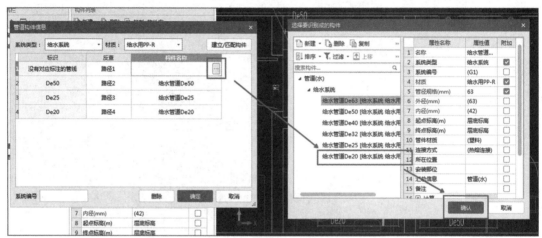

图 6-40

图 6-41

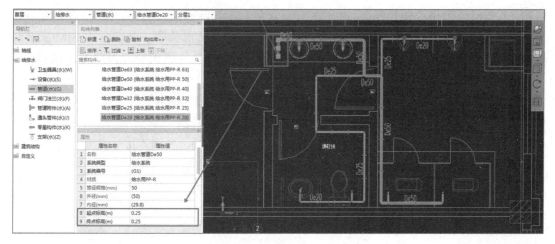

图 6-42

6.3 识别生活排水管道

⊕ **任务目标**

1. 知识目标

(1)掌握"新建管道"命令，并对管道属性值进行修改；

(2)掌握"排水管道识别"命令。

2. 能力目标

(1)能使用广联达 BIM 安装计量 GQI2021 软件完成新建排水管道并定义属性；

(2)能使用广联达 BIM 安装计量 GQI2021 软件完成识别排水干管、立管、支管。

3. 素养目标

(1)培养学生的职业责任感、工匠精神、劳动精神和劳模精神；

(2)培养学生对新知识、新事物、新环境的洞察力和分析能力。

⊕ **任务描述**

使用广联达 BIM 安装计量 GQI2021 软件完成各种卫生器具的定义、识别后，进行排水管道的新建、定义属性，然后完成排水干管、立管、支管的识别计量。

⚙ **任务分析**

本室内生活给水排水工程中的卫生器具识别完成后，可以开始识别给水排水管道，计算给水排水管道的工程量。手工计算给水排水管道的工程量，室内外排水管道以出户第一个排水检查井为界。排水管道的工程量计算规则：按室内外、材质、连接形式、规格分别列项，按设计管道中心线长度，以"m"为计量单位，不扣除阀门、管件、附件（包括器具组成，采暖入口装置、减压器、疏水器等组成安装）及井类所占长度。在广联达 BIM 安装计量 GQI2021 软件中，是通过识别图纸中代表排水管道的 CAD 图例线，识别为排水管道的图元后，再根据图元计算长度，得出工程量。

识读室内给水排水施工图设计说明可知，本工程生活给水排水管道采用 PVC-U 管，粘结连接。在图纸中，生活排水管道的图例线为 ⸺W⸺ 污水管 。识读室内给水排水平面图和系统图可知，本工程给管道的管径有 De110、De75、De50，分别连接各卫生器具。

现在进行识别生活排水管道，主要任务如下：

（1）新建排水管道并定义属性；

（2）识别排水干管支管；

（3）识别排水立管。

任务实施

6.3.1　新建排水管道并定义属性

【操作思路】

新建排水管道并定义属性的操作思路如图 6-43 所示。

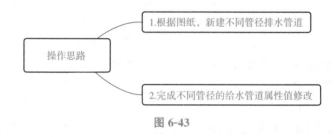

操作思路

1.根据图纸，新建不同管径排水管道

2.完成不同管径的给水管道属性值修改

图 6-43

【操作流程】

（1）根据给水排水施工图可知，排水管道采用 PVC-U 管，粘结连接，管径有 De110、De75、De50。以 De110 为例。执行"绘制"→"管道（水）"→"新建"→"新建管道"命令，如图 6-44 所示。

（2）如图 6-45 所示，默认新建了一个给水管道，将默认新建的给水管道属性值改为排水管道 De110 的属性：

名称：排水管道 De110；

系统类型：排水系统；

材质：排水用 PVC-U；

管径规格：110 mm；

起点标高：默认值，不用修改；

终点标高：默认值，不用修改。

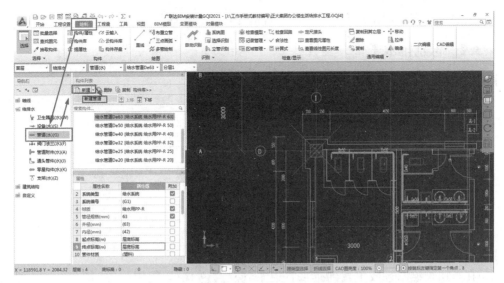

图 6-44

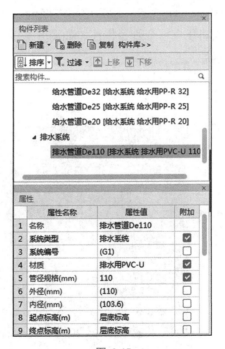

图 6-45

💡 **内容拓展**

　　需要注意的是，名称是"排水管道 $De110$"并不代表管径就是 $De110$，一定要将管径规格也改为 $De110$，管道管径才是 $De110$。

　　起点标高和终点标高按默认值设定即可，不用修改，在识别完管道图元后，再根据给水系统图进行修改。

(3)按照上述方法，新建 $De75$、$De50$ 管道并定义其属性。

6.3.2 识别排水干管、支管

【操作思路】

识别排水干管、支管的操作思路如图 6-46 所示。

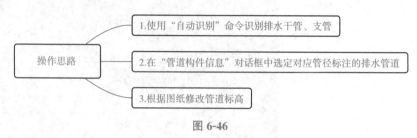

图 6-46

【操作流程】

(1)在首层，绘图区域中找到排水管道干管。黄色 CAD 图例线加字母 W 代表排水管道。以一层平面图中的 1 号卫生间为例。使用"自动识别"命令识别排水支管。鼠标左键单击"自动识别"按钮，命令激活后，在绘图区域一层平面图的 1 号卫生间详图中，点选任意一段排水管道的 CAD 图例线和任意一个管径标注，如图 6-47 所示。

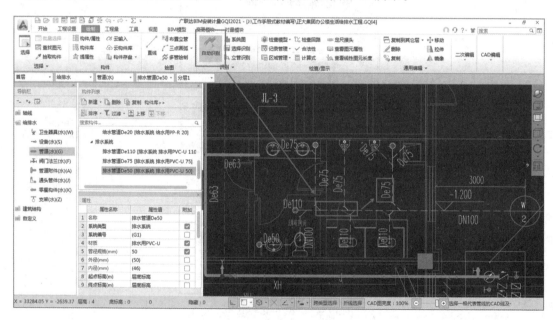

图 6-47

(2)点选完成检查无误后，单击鼠标右键确认。确认后，弹出"管道构件信息"对话框，如图 6-48 所示。在"管道构件信息"对话框中，应该将标识的管线对应相应的构件名称，如 $De50$ 对应的构件名称应该是之前定义的 $De50$ 的管。"没有对应标注的管线"是软件在详图中没有识别出标识的。也可以通过单击路径实现反查给水支管各段所对应的管径是否正确。将系统类型和材质改为排水系统和 PVC-U 管。

图 6-48

(3)在"管道构件信息"对话框中对标识 $De110$、$De75$、$De50$ 管构件名称进行修改，如图 6-49 所示。"没有对应标注的管线"先不选择，等反查路径之后再确定。

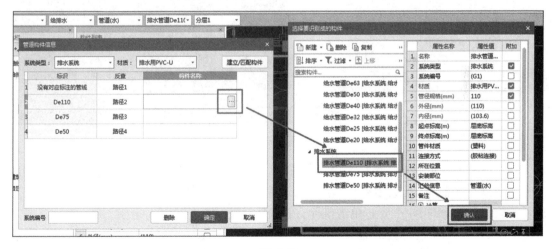

图 6-49

(4)反查 $De110$ 的路径。鼠标左键单击"路径 2"中三点"浏览"按钮，然后在绘图区域中通过鼠标左键点选 CAD 图例线来添加属于 $De110$ 的管，剔除不属于 $De110$ 的管。图中为修改后选中的 $De110$ 管。单击鼠标右键确认，如图 6-50 所示。

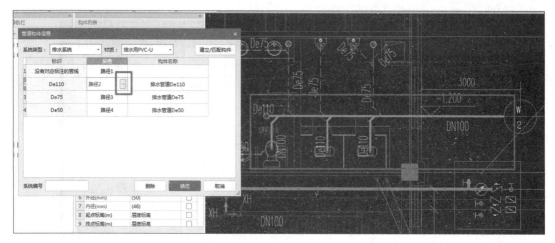

图 6-50

（5）反查 $De75$ 的路径。鼠标左键单击"路径 3"中的三点"浏览"按钮，然后在绘图区域中通过鼠标左键点选 CAD 图例线来添加属于 $De75$ 的管，剔除不属于 $De75$ 的管。图 6-51 所示为修改后选中的 $De75$ 管，单击鼠标右键确认。

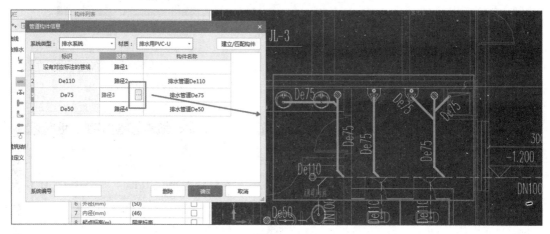

图 6-51

（6）反查 $De50$ 的路径。鼠标左键单击"路径 4"中的三点"浏览"按钮，然后在绘图区域中通过鼠标左键点选 CAD 图例线来添加属于 $De50$ 的管，剔除不属于 $De50$ 的管。图 6-52 所示为修改后选中的 $De50$ 管，单击鼠标右键确认。

（7）反查"没有对应标注的管线"路径。由于刚才在反查 $De110$、$De75$、$De50$ 时，已经全部点选上，所以，"没有对应标注的管线"为空，如图 6-53 所示。

"管道构件信息"对话框中构件名称定义和反查路径完成后，鼠标左键单击"确定"按钮，1 号卫生间排水干支管识别完成。在识别完成后，需要手动修改部分管道标高。

（8）1 号卫生间排水干支管标高为 −1.2 m，修改标高属性值。鼠标点选所有水平干支管，然后在属性栏中将起点标高和终点标高都改为 −1.2 m，如图 6-54 所示。全部操作完成后，在三维动态视角下查看 1 号卫生间的排水干支管，可以看到排水干支管已经自动连接卫生器具。有时，识别完成后会出现连接不正确情况，需要根据图纸进行修改。

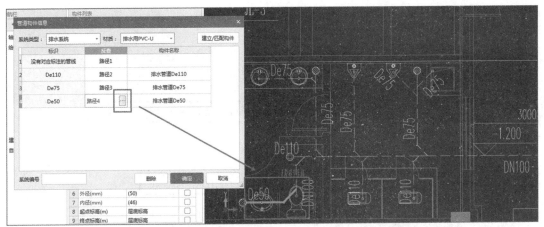

图 6-52

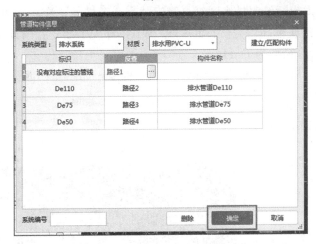

图 6-53

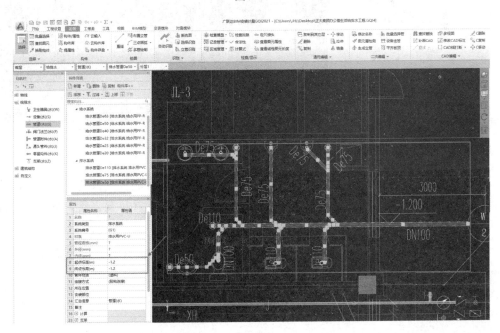

图 6-54

6.3.3 识别排水立管

【操作思路】

识别排水立管的操作思路如图 6-55 所示。

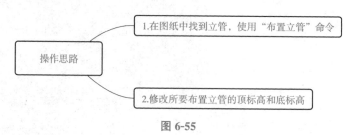

图 6-55

【操作流程】

（1）通过识读室内生活给水排水图纸可知，共有 2 个排水立管，分别为 WL-1 和 WL-2。WL-1 和 WL-2 立管的底标高均为−1.200 m。WL-1 和 WL-2 立管的顶标高均为 8.700 m。同时，所有给水立管管径均为 De110。

执行"绘制"→"管道（水）"→"排水管道 De110"命令，如图 6-56 所示。

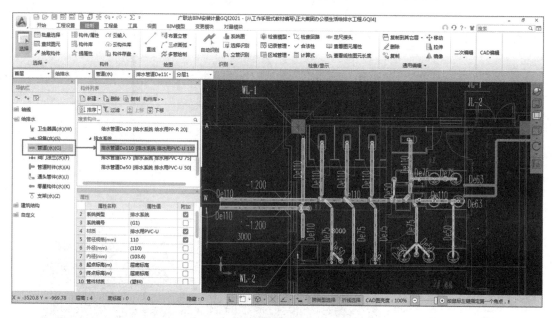

图 6-56

（2）执行"布置立管"命令，弹出"立管标高设置"对话框，将底标高改为−1.2 m，顶标高改为 8.7 m。然后，在 JL-1 立管位置单击鼠标左键，在该位置布置立管。WL-1 立管布置完成。采用同样的方法布置 WL-2 立管，如图 6-57 所示。

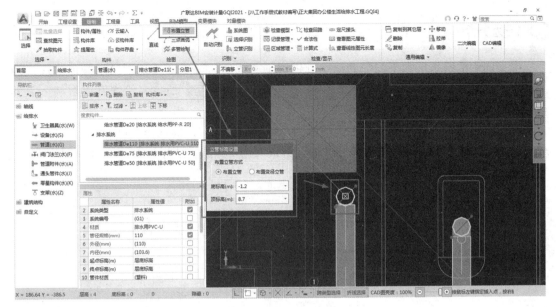

图 6-57

6.4　识别生活给水管道附件

⊕ 任务目标

1. 知识目标

(1)掌握"新建给水管道附件"命令，并对给水管道附件属性值进行修改；

(2)掌握"给水管道附件识别"命令。

2. 能力目标

(1)能使用广联达 BIM 安装计量 GQI2021 软件完成新建给水管道附件并定义属性；

(2)能使用广联达 BIM 安装计量 GQI2021 软件识别给水管道附件。

3. 素养目标

(1)促进学生拓宽知识面，增强自学能力，养成严谨务实、终身学习的工作作风；

(2)培养学生养成规范管理、安全管理、质量管理的意识。

⊕ 任务描述

使用广联达 BIM 安装计量 GQI2021 软件完成给水管道附件(阀门)的新建、定义属性，然后完成给水管道附件(阀门)的识别计量。

197

本室内生活给水排水工程中的给水管道识别完成后，可以开始识别给水管道附件，例如阀门、水表等。给水管道属于依附构件，依附于给水管道，所以，给水管道附件一般都在给水管道识别完成后识别。

识读室内给水排水平面图和系统图可知，本工程给水阀门的选择：$DN \leqslant 50$，采用铜质球阀；$DN > 50$，采用对夹式蝶阀。给水管道最大为 $DN50$，所以，阀门全部为铜质球阀。现在进行识别给水管道附件。

◆ 任务实施 ◆

【操作思路】

识别生活给水管道附件的操作思路如图 6-58 所示。

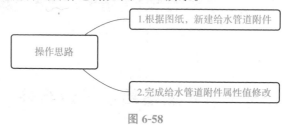

图 6-58

【操作流程】

（1）识读图纸后，在一层 1 号卫生间详图中，有--个阀门，如图 6-59 所示。

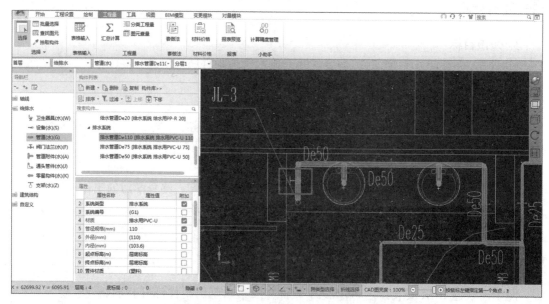

图 6-59

（2）执行"阀门法兰（水）"→"新建"→"新建阀门"命令，如图 6-60 所示。

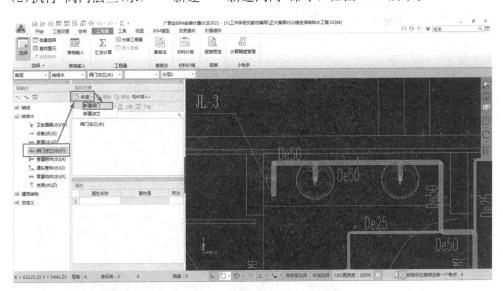

图 6-60

（3）如图 6-61 所示，默认新建的阀门属性值修改如下：

名称：全铜球阀；

类型：球阀；

其他项目不用修改。

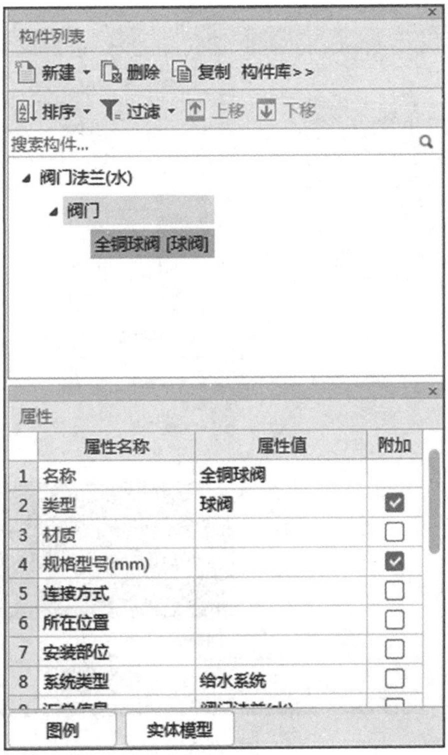

图 6-61

（4）在"绘制"选项卡下，鼠标左键单击"设备提量"按钮，然后在绘图区域点选阀门的CAD图例，单击鼠标右键确认，如图6-62所示。

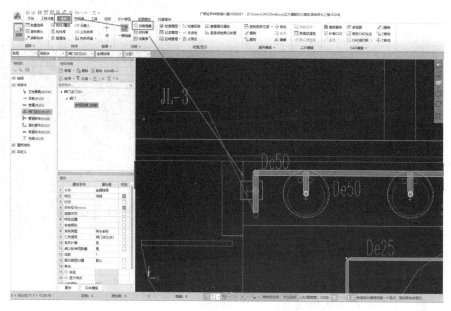

图 6-62

（5）在弹出的"选择要识别成的构件"对话框中单击"确认"按钮，阀门识别完成，并提示设备数量，如图6-63所示。

图 6-63

BIM 技术的发展及国内外差距：BIM 技术国内外的差距在哪里？

在英国，政府明确要求 2016 年前企业实现 3D-BIM 的全面协同。在美国，政府自 2003 年起，实行国家级 3D-4D-BIM 计划；自 2007 年起，规定所有重要项目通过 BIM 进行空间规划。在韩国，政府计划于 2016 年前实现全部公共工程的 BIM 应用。在新加坡，政府成立 BIM 基金并计划于 2015 年前超八成建筑业企业广泛应用 BIM。在北欧，挪威、丹麦、瑞典和芬兰，已经孕育了很多建筑业信息技术软件厂商。在日本，建筑信息技术软件产业成立国家级国产解决方案软件联盟。

在我国，由于政府部门的相关要求以及市场的需求，已经有很多招标项目要求工程建设的 BIM 模式。部分企业开始加速 BIM 相关的数据挖掘，聚焦 BIM 在工程量计算、投标决策等方面的应用，并实践 BIM 的集成项目管理。目前市面上最常用的一些 BIM 软件，如 Revit、Bentley、Tekla 的版权均属于国外技术公司，在核心技术领域，国内的 BIM 软件公司与它们还存在一定的差距。

相比国外，国内对 BIM 的政策支持更有力。前者是市场推进政策，后者是政策推进市场。2011 年，住建部在《2011—2015 中国建筑业信息化发展纲要》中将 BIM、协同技术列为"十二五"中国建筑业重点推广技术。2013 年 9 月，住建部发布《关于推进 BIM 技术在建筑领域内应用的指导意见(征求意见稿)》，明确指出"2016 年，所有政府投资的 2 万平方米以上的建筑的设计、施工必须使用 BIM 技术"。2015 年，政府正式公布《关于推进建筑业发展和改革的若干意见》，把 BIM 和工程造价大数据应用正式纳入重要发展项目。上述政策无不表明政府对 BIM，尤其对国内 BIM 发展的高度重视。

到 2020 年年末，建筑行业甲级勘察、设计单位以及特级、一级房屋建筑工程施工企业应掌握并实现 BIM 与企业管理系统和其他信息技术的一体化集成应用。到 2020 年年末，以下新立项项目勘察设计、施工、运营维护中，集成应用 BIM 的项目比率达到 90％：以国有资金投资为主的大中型建筑；申报绿色建筑的公共建筑和绿色生态示范小区。

最后，也是最重要的一点，国内在建设工程体量方面远远领先世界，有更广阔的 BIM 应用空间。已有业内专家预言："虽然 BIM 技术在国外应用已经有 10 余年历史，但最终将在中国取得突破性进展。"

参考文献

［1］欧阳焜 . 广联达 BIM 安装算量软件应用教程［M］. 北京：机械工业出版社，2016.

［2］朱溢镕，吕春兰，温艳芳 . 安装工程 BIM 造价应用［M］. 北京：化学工业出版社，2019.

［3］何辉，刘霞 . 建筑工程计量［M］. 北京：中国建筑工业出版社，2022.

［4］王全杰，宋芳，黄丽华 . 安装工程计量与计价实训教程［M］. 北京：化学工业出版社，2014.